Sofoklis Gkillas

AIA e proteção das aves no desenvolvimento da energia eólica na Noruega

Sofoklis Gkillas

AIA e proteção das aves no desenvolvimento da energia eólica na Noruega

ScienciaScripts

Imprint

Cover image: www.ingimage.com

This book is a translation from the original published under ISBN 978-3-659-86770-5.

Publisher:
Sciencia Scripts
is a trademark of
Dodo Books Indian Ocean Ltd. and OmniScriptum S.R.L publishing group

120 High Road, East Finchley, London, N2 9ED, United Kingdom
Str. Armeneasca 28/1, office 1, Chisinau MD-2012, Republic of Moldova, Europe
Managing Directors: Ieva Konstantinova, Victoria Ursu
info@omniscriptum.com

Printed at: see last page
ISBN: 978-620-8-58002-5

Índice

"É socialmente inaceitável ser contra as turbinas eólicas na nossa zona - como não usar o cinto de segurança ou passar numa passadeira".

-Ed Miliband, secretário britânico para as alterações climáticas, The Guardian, 7 de abril de 2009

Resumo

Este é o prelúdio da presente tese de mestrado, centrada nas avaliações de impacto ambiental no sector norueguês da energia eólica. A Noruega, que estabeleceu o objetivo de aumentar a sua produção de energias renováveis e a sua eficiência energética para 30 TWh por ano em 2016 (em comparação com 2001), fez uma viragem significativa para o desenvolvimento da energia eólica como um recurso energético alternativo eficiente. No entanto, os objectivos políticos verdes no passado e as questões de conservação da natureza, como o excesso de colisões fatais de aves com turbinas eólicas, criam cautela relativamente a este empreendimento de energia eólica. Assim, o objetivo desta investigação académica é descobrir de que forma o governo norueguês está a conseguir atenuar os impactos negativos dos parques eólicos nas populações de aves, com base num estudo de caso sobre o parque eólico de Sm0la, que tem a maior capacidade de energia eólica instalada na Noruega. Estes desafios ambientais são realçados e discutidos, especialmente no contexto das avaliações de impacto ambiental que estão a ser realizadas. Os procedimentos, orientações e diretivas para o licenciamento de parques eólicos e as avaliações de impacto ambiental são utilizados e discutidos, sendo comparados com os da UE e analisados em pormenor, a fim de examinar a forma como a sustentabilidade na indústria norueguesa de energia eólica pode ser alcançada de forma eficiente. Nos seus esforços de investigação, o investigador tenta esclarecer até que ponto as melhorias para atenuar as interações negativas entre as aves e os parques eólicos são viáveis na prática.

Sammendrag

Dette er opptakten til en masteroppgave med fokus på milj0messige konsekvensutredninger innen den norske vindkratsektoren. Norge, som har en etablert målsetting om å 0ke sin fornybare energiproduksjon til 30 TWh per år i 2016 (sammenlignet med 2001), har påvirket Vindkraftutbyggingen mye, og fremhevet dette som en effektiv alternativ energiressurs. Til tross for gr0nne politiske mål - Vindkraftindustrien opplever motb0r i form av naturkonservering, som for eksempel at fugl d0r etter kollisjon med vindm0ller. Dette er bakteppet for at denne oppgaven ser på hvordan norske myndigheter håndterer negative aspekter med vindm0llefarmer og fugl, basert på en casestudie av Norges st0rste vindpark (målt etter installert kapasitet) - Sm0la vindpark. Disse milj0utfordringene er i fokus, og blir diskutert - spesielt opp mot konsekvensutredningene som blir utf0rt. Prosedyrer, retningsliner og direktiver for vindfarmer, samt milj0messige konsekvenser, blir diskutert og sammenlignet med tilsvarende fra den europeiske union, for å unders0ke hvordan bærekraft i norsk vindkraftindustri kan oppnås på en effektiv måte. Forskeren tilstreber gjennom dette arbeidet å belyse i hvilken grad det er praktisk mulig å implementere forbedringer som reduserer antallet drepte fugler.

Agradecimentos

Esta tese é o trabalho final do Mestrado em Gestão de Energia da Bod0 Graduate School of Business e da Universidade MGIMO em Moscovo. Esta tese de mestrado tem um peso de 30 créditos ECTS e resulta da livre escolha do tema.

Em primeiro lugar, gostaria de exprimir a minha gratidão a Bj0rn Iuell e Tormod Schei, consultores ambientais seniores da Statkraft AS, que me forneceram informações e apoio valiosos relacionados com o parque eólico de Sm0la, ajudando-me a concluir eficazmente a minha tese de mestrado. Em segundo lugar, gostaria de agradecer a Ben Bj0rke, Economista Social da Associação Norueguesa de Energia Eólica, pela sua assistência em actualizações e dados cruciais sobre questões de energia eólica na Noruega, bem como por me ter organizado uma viagem ao parque eólico de Sm0la.

Para além disso, agradeço também à minha supervisora Kristin Haugland Smith, bem como ao professor associado Anatoli Burmistrov da Bod0 Graduate School of Business, que me forneceram críticas construtivas e conselhos úteis sobre o meu tema. Um agradecimento especial a Petter Danielsen, que traduziu o Resumo para norueguês. Estou igualmente grato a todos os entrevistados que contribuíram ao máximo para esta investigação académica, com base nas suas percepções pessoais. Gostaria também de expressar a minha gratidão a Christos Zachos, um familiar próximo, que me tem apoiado mentalmente em todos os passos e acções que dei até hoje.

Por último, quero agradecer a todos os apoiantes das energias renováveis; pessoas a quem devo a minha motivação e a minha vontade de continuar a manter a esperança num mundo melhor.

Sofoklis Gkillas

Abreviaturas

DN	Directorate of Natural Management
EIA	Environmental Impact Assessment
Environment	The term *"environment"* is used as encompassing human beings, fauna, flora, natural resources, landscape, climate, cultural heritage and interactions among those.
EU	European Union
IBAS	Important Bird Areas
ICZM	Integrated Coastal Zone Management
IUCN	International Union for Conservation of Nature and Natural Resources
NINA	Norwegian Institute for Nature Research
MoE	Ministry of Environment
NGO	Non Governmental Organization
NOF	Norwegian Ornithological Society
NORWEA	Norwegian Wind Energy Association
NVE	Norwegian Water Resources and Energy Directorate
OED	Norwegian Ministry of Petroleum and Energy
SACs	Special Areas of Conservation
SEA	Strategic Environmental Assessment
SPAs	Special Protected Areas
UN	United Nations

Watt (W) = Unit for effect or output; energy per second.

Kilowatt (KW) = 1000 W

Megawatt (MW) = 1000 kW

Gigawatt (GW) = 1000 MW=1 million kW,

Terrawatt (TW) = 1000 GW=1 million MW=1 billion KW.

Kilowatt hour (kWh) = Unit for energy; One kilowatt produced or used in one hour.

Megawatt hour (MWh) = 1000 kWh

Gigawatt hour (GWh) = 1000 MWh=1 million kWh.

Terrawatt hour (TWh) = 1000 GWh=1 million MWh =1 milliard kWh

1. Introdução

1.1. Tema e contexto

Em nome de várias organizações ambientais e de outros grupos de pessoas preocupadas com as alterações climáticas e o efeito de estufa, foi sugerido que a energia eólica pode ser uma solução energética eficiente, para que muitos países europeus sejam independentes do consumo de combustíveis fósseis e, simultaneamente, enfrentem eficazmente os actuais desafios ambientais. Durante os últimos 20 anos, a produção de energia eólica na Europa aumentou de 0,7 TWh para mais de 100 TWh, principalmente na Dinamarca, Alemanha e Espanha (ver anexo A) (Bj0rke, 2009).

No que respeita à Noruega, o país tem o melhor potencial eólico onshore da Europa e o segundo potencial eólico offshore a seguir a Portugal (Inpow.no, 2010). A Noruega dispõe de excelentes recursos eólicos, com velocidades de vento elevadas (até 9 m/s) em grande parte da costa norueguesa a partir de Lindesnes e para norte, e em muitas zonas do interior, sendo Finnmark o condado com maior potencial de energia eólica terrestre (ver anexo C). A Noruega, que tem a mais longa linha costeira da Europa e é capaz de produzir e exportar até 40 TWh até 2020-2025 (metade da qual proveniente da energia eólica offshore), poderia tornar-se a *"bateria energética da Europa"* com base na sua capacidade eólica (Inpow.no, 2010).

Tendo em conta todas as razões relacionadas com as alterações climáticas, a segurança energética europeia e os enormes recursos eólicos da Noruega, o país publicou o Livro Branco n.º 58 (1996-1997), onde se salienta que o aumento dos investimentos em fontes de energia renováveis, como a energia biológica, eólica e solar, é necessário para alcançar um desenvolvimento mais sustentável (NVE, 2009). No âmbito da análise do Livro Branco do Storting n.º 29 (1998-1999), foi determinada a construção de centrais eólicas que produziriam anualmente 3 TWh até ao ano 2010 (regjeringen.no, 1998). Em 1998, a capacidade máxima instalada de energia eólica na Noruega era de apenas 0,75 MW (NVE, 2009). Nesta direção, existe atualmente na Noruega uma instalação de capacidade de energia eólica que consiste em 431 MW (ver anexo E) (EWEA, 2010).

No entanto, o oximoro é que a energia eólica da Noruega representa apenas 0,7% (em 2008) da produção total de eletricidade do país (NVE, 2009), tendo sido instalados apenas 2 MW em 2009 (ver anexo B). No que diz respeito ao resultado do objetivo político da energia eólica que o Parlamento norueguês decidiu oficialmente em março de 2000, a Noruega não está a atingir a produção anual proposta de 3 TWh em 2010 (ver anexo D). Além disso, de acordo com Ben Bj0rke, Economista Social da Associação Norueguesa de Energia Eólica (NORWEA), está excluída qualquer capacidade adicional de energia eólica instalada na Noruega em 2010.

De facto, a Noruega prosseguiu os seus esforços no sentido de obter mais energia renovável com a inclusão da energia eólica, com base no Livro Branco n.º 11 (20062007), que estabelece um novo objetivo governamental de aumentar a produção de energia renovável e a eficiência energética em 30 TWh por ano em 2016, em comparação com 2001 (regjeringen.no, 2006). Por essa razão, de acordo com a NVE (Nils Henrik Johnson, Consultor Sénior, Direção Norueguesa de Recursos Hídricos e Energia), existem atualmente mais de cem projectos de parques eólicos em estudo, 30 dos quais já obtiveram uma licença (ver anexo F).

No entanto, esta viragem energética do governo norueguês para a energia eólica, a fim de contrariar as alterações climáticas, produziu uma reação significativa de muitas organizações ambientais e outros grupos de interesse. Estes grupos estão preocupados com os possíveis efeitos secundários da energia eólica, no que diz respeito à conservação da natureza e, mais especificamente, à proteção da população e da variedade de aves na Noruega. Por outro lado, o governo norueguês defende a posição de que a energia eólica conduz a um elevado grau de produção de energia renovável e ao desenvolvimento sustentável, ao mesmo tempo que lida eficazmente com os actuais desafios ambientais (regjeringen.no, 2005). Apesar de ser muito importante para a Noruega assegurar o desenvolvimento da sua indústria eólica no mercado e atingir os objectivos estabelecidos para 2016, surgem desafios ambientais no que diz respeito à proteção das aves inscritas na lista vermelha e de outras espécies, bem como dos impactos negativos dos parques eólicos, mesmo que exista um compromisso entre o impacto das turbinas eólicas nos valores naturais e a redução das emissões de carbono.

De facto, a localização dos parques eólicos tem, em muitos casos, uma importância significativa para a biodiversidade, nomeadamente para a flora e fauna residentes e os seus habitats específicos (birdlife.no, 2009). A necessidade de medir os efeitos indirectos, a longo prazo e cumulativos sobre as aves causados pelos parques eólicos está amplamente interligada com os corredores de migração (principalmente costeiros ou através de passagens de montanha) e as zonas de reprodução (birdlife.no, 2009). A compatibilidade com projectos de parques eólicos localizados nas proximidades de hotspots de biodiversidade, especialmente quando algumas espécies de aves são raras, ameaçadas ou têm um estado de conservação desfavorável, parece por vezes um desafio e potencialmente pouco promissora (birdlife.no, 2009).

Tendo em conta o que precede, o parque eólico de Sm0la é um caso interessante: com base no facto de o Governo norueguês ter comunicado ao Parlamento, em 1998, o objetivo energético de uma capacidade de produção anual de energia eólica de 3 TWh até 2010, o estabelecimento de um complexo eólico (fases I e II) no arquipélago de Sm0la foi o primeiro passo para a concretização desse objetivo (birdlife.no, 2009). No entanto, o parque eólico de Sm0la, sendo o maior parque eólico instalado na Noruega e um dos maiores parques eólicos terrestres da Europa (representando quase

1/3 da capacidade de energia eólica norueguesa), tem complicações com colisões de aves e águias com as suas torres eólicas. A ilha de Sm0la é uma zona importante para a nidificação de águias de cauda branca e de outras espécies de aves (algumas das quais constam da lista vermelha norueguesa), onde se registaram números significativos de mortalidade de aves causada por turbinas eólicas (birdlife.no, 2009).

Mais concretamente, a águia-da-cauda-branca e o salgueiro-pardal (juntamente com outras duas espécies de aves) eram aves incluídas na lista vermelha de espécies ameaçadas da União Internacional para a Conservação da Natureza e dos Recursos Naturais (UICN) com o *"estatuto de quase ameaça"*, na altura em que o parque eólico obteve a licença [ambas têm agora o estatuto de menos preocupantes (iucnredlist.org, 2010); no entanto, a Noruega tem um estatuto de responsabilidade global para a águia-da-cauda-branca]. A Statkraft, o promotor deste parque eólico, gastou recursos financeiros consideráveis em investigação e desenvolvimento, especialmente em estudos posteriores para minimizar estes impactos negativos. Isso levou a Convenção de Berna (Convenção sobre a Conservação da Vida Selvagem e dos Habitats Naturais da Europa) a avaliar os impactos negativos e as mortes de aves neste parque eólico em junho de 2009 (Statkraft.com, 2009).

A questão sensível neste caso é a de saber qual é a instituição que aprova o EIA, estabelece as condições e concede a licença para a construção de uma central eólica. Atualmente, não é a DN (Direção de Gestão da Natureza, que pertence ao Ministério do Ambiente), mas a NVE, que pertence ao Ministério do Petróleo e Energia. Apesar de a NVE ter melhorado as diretrizes dos EIA a partir de 2007, os projectos eólicos offshore continuam a ser problemáticos em termos de populações de aves e de instalações de parques eólicos. Os projectos Havsul em M0re e Romsdal (município do condado) são um exemplo típico desta questão: os projectos são designados Havsul I, II, III e IV. Em julho de 2009, a NVE decidiu que o único projeto que obteve uma concessão foi Havsul I (o primeiro projeto de energia eólica offshore na Noruega que foi aprovado) (regjeringen.no, 2008). Os outros projectos viram a sua concessão recusada devido aos impactos ambientais negativos, especialmente na avifauna (NVE, 2009).

1.2. Declaração do problema

Considerando que é muito importante para a Noruega assegurar o desenvolvimento da sua indústria eólica no mercado e atingir os objectivos governamentais estabelecidos de aumentar a produção de energia renovável e a eficiência energética de 30 TWh por ano em 2016, em comparação com 2001; bem como com base nas complicações com colisões de aves no parque eólico de Sm0la, esta tese de mestrado é realizada com o objetivo de lançar luz sobre os actuais desafios ambientais que a energia eólica norueguesa enfrenta e, mais especialmente, olhando para a perspetiva da proteção das aves. Uma utilização sistemática da energia eólica deverá assegurar a diferenciação da produção de energia na Noruega, criando simultaneamente um ambiente natural estável para as aves e outros habitats. Em termos gerais, o problema central está relacionado com os desafios e problemas já mencionados, sendo formulado da seguinte forma:

Qual a eficácia da legislação, das orientações e do procedimento de licenciamento noruegueses para os parques eólicos no contexto dos EIA na atenuação dos impactos negativos nas aves, causados pelo desenvolvimento da energia eólica?

A fim de abordar este problema de forma frutuosa, o enunciado é especificado através da introdução de duas questões de subinvestigação, que são estruturadas e destacadas no esforço do investigador para definir todos os aspectos possíveis dos principais objectivos e propósitos da tese de mestrado. Isto é benéfico para estruturar esta tese de mestrado e dar a oportunidade de ter uma melhor visão. As sub-perguntas são as seguintes:

1. Como é que o parque eólico Sm0la deve ser utilizado para melhorar a qualidade do sistema norueguês relacionado com os EIA para parques eólicos, para futuros desenvolvimentos de energia eólica relativos à avifauna?

2. Quais são as diferenças entre as diretivas, a legislação e as orientações norueguesas e comunitárias relacionadas com a AIA na promoção da proteção e conservação das aves?

1.3. Contribuição

Esta tese de mestrado está bastante centrada, numa base académica e científica, na clarificação da tomada de decisões de futuros governos, relativamente a potenciais desenvolvimentos no domínio da energia eólica na Noruega. Comparando procedimentos, orientações e diretivas relacionadas com EIAs e SEAs sobre a proteção das aves na UE e na Noruega, surgem conclusões estimulantes. Este facto centra-se na necessidade de indicar problemas de uma potencial inadequação de orientações e diretivas eficazes do Ministério do Petróleo e da Energia norueguês. Por outras palavras, é crucial saber em que medida a qualidade dos EIA ajuda os decisores, com o melhor conhecimento dos potenciais impactos de um parque eólico, a decidir se um projeto de parque eólico deve ou não ser aceite.

Consequentemente, institutos, organizações ambientais e científicas, bem como o governo norueguês, podem consultar esta tese de mestrado para observar como estes desafios reais podem ser enfrentados na própria compensação da implantação da energia eólica offshore, bem como no promissor desenvolvimento da energia eólica onshore. Além disso, esta tese de mestrado pode ser uma importante fonte de informação para vários grupos que contribuem para uma análise mais aprofundada dos custos e benefícios ambientais da energia eólica. Além disso, as futuras direcções norueguesas do ambiente poderão enfrentar eficazmente os desafios e obstáculos futuros relacionados com os potenciais planos de energia eólica e as interações com as aves, tendo em conta as estratégias e políticas energéticas bem sucedidas ou mal calculadas nos EIA do passado neste domínio específico das energias renováveis, tal como foram implementadas pelos governos anteriores.

2. Metodologia

Neste capítulo, descreve-se o procedimento metodológico seguido nesta tese de mestrado, focando a abordagem da investigação, a posição filosófica, o método escolhido, a recolha de dados e a amostragem, a análise de dados, a qualidade da investigação, os aspectos éticos e os pontos fortes e fracos; que foram tomados e estudados.

2.1. Abordagem de investigação

É da maior importância ter abordado este estudo de investigação da forma mais eficaz possível, uma vez que isso afectou o procedimento de recolha de todas as informações e dados. Neste caso, é difícil para o investigador ter uma imagem clara da situação de antemão, devido ao facto de não existirem antecedentes detalhados relacionados com o desenvolvimento da energia eólica na Noruega e as interações com as aves.

Tendo em conta que o objetivo desta tese de mestrado é fazer uma investigação sob escrutínio, a fim de identificar e trazer à superfície vários aspectos do problema colocado, recorre-se à investigação exploratória. O principal objetivo é descobrir insights sobre a natureza geral deste problema, bem como potenciais alternativas de decisão, que são caraterísticas significativas de uma pesquisa exploratória (David A. Aaker; V. Kumar; George Day, 2001, p.77). O facto de ser necessário pouco conhecimento prévio, sem preconceitos sobre o assunto, torna o procedimento de investigação mais flexível e qualitativo. Assim, a investigação exploratória é utilizada para que o investigador descubra e compreenda qual é a natureza da questão geral colocada; bem como para identificar possíveis estratégias alternativas que serão decididas, especialmente relacionadas com questões mais sensíveis, como novos projectos de energia eólica, objectivos políticos e políticas relativas à conservação da natureza. Isto é mais do que óbvio, especialmente quando se tenta focar as implicações relacionadas com os desafios da colisão de aves/parques eólicos no sector da energia eólica num país como a Noruega, onde nunca antes se enfrentaram desafios de natureza semelhante.

2.2. Posição filosófica

Neste documento, é dada muita importância às entrevistas e às crenças das pessoas e não exclusivamente aos números e às estatísticas, especialmente quando questões como os projectos de energia eólica são abordadas de uma forma que lança algumas dúvidas sobre se o desenvolvimento sustentável pode ser abordado em relação aos valores naturais. Este estudo de investigação centra-se nas formas como as pessoas compreendem o mundo e a natureza ao partilharem as suas experiências umas com as outras, utilizando basicamente os meios da linguagem quotidiana (Easterby-Smith, 2008: p.58). Como resultado, a posição filosófica do investigador é a do Construcionismo Social, em que ele é capaz de incorporar as perspectivas das pessoas, perguntando a diferentes grupos e organizações sobre a sua opinião relativamente ao desenvolvimento da energia eólica na Noruega e às colisões de aves em turbinas eólicas; bem como relativamente à melhoria dos EIA no contexto da conservação das aves, em que o estudo do investigador não é independente e irrelevante dos interesses e crenças humanos.

Assim, não é a recolha de factos e a medição de probabilidades estatísticas que se pretende com esta tese de mestrado, a fim de identificar e analisar os desafios do desenvolvimento da energia eólica norueguesa; e em que medida se aproxima da sustentabilidade. O investigador faz parte da discussão ao recolher várias construções das pessoas, com base na sua experiência sobre o assunto (Easterby-Smith, 2008: p.59). É dada atenção às formas como as pessoas estão a pensar e a comunicar umas com as outras, verbalmente ou não. Assim, o foco deve estar na compreensão e interpretação das razões que fazem com que as pessoas tenham experiências diferentes, em vez de identificar factores externos que explicam o comportamento humano (Easterby-Smith, 2008: p.59).

Finalmente, a posição do Construtivismo é a que se aplica para exprimir a natureza subjectiva da realidade. Além disso, são selecionados métodos de investigação qualitativa, que serão descritos no próximo capítulo; e são as ferramentas do paradigma do Construtivismo, sendo a filosofia escolhida para este estudo de investigação.

2.3. Método selecionado

O método de investigação escolhido é o método qualitativo, derivado da conceção construcionista da investigação. Baseia-se na recolha de dados sob a forma de palavras e é uma ferramenta utilizada para compreender e descrever as experiências e opiniões humanas (wilderdom.com, 2006). Nesta tese de mestrado, são referidos conceitos e teorias relacionados com os EIA e as interações entre o sector da energia eólica norueguês e as aves, para que o investigador chegue a conclusões e confirmações ou não das hipóteses específicas formuladas e testadas; com base na recolha de observações para abordar essas hipóteses. Face ao exposto, opta-se por uma abordagem dedutiva de estudo de caso para este efeito (socialresearchmethods.net, 2010). Yin (2002, p.37) define que um estudo de caso é um inquérito empírico que investiga um fenómeno contemporâneo no seu contexto de vida real, especialmente quando os limites entre o fenómeno e o contexto não são claramente evidentes. Um estudo de caso tem como objetivo tirar conclusões específicas, partindo do princípio de que o investigador está muito interessado nesse caso específico (Gummesson, 2000, p.84). Uma avaliação aprofundada de eventos únicos baseia-se na recolha de diferentes dados utilizando vários métodos de recolha, incluindo entrevistas, bem como análise documental e observação. De acordo com Saunders et al. (2000, p.94), um estudo de caso bem construído ajuda o investigador a desafiar uma teoria investigada e a fornecer uma fonte de novas hipóteses.

Neste caso, o investigador chega a conclusões concretas comparando dados dos mesmos acontecimentos e factos; por exemplo, perguntando a diferentes partes as suas opiniões sobre questões ambientais relacionadas com as políticas de energia eólica na Noruega no contexto dos EIA, sobre a sustentabilidade e como pode ser alcançada, bem como sobre possíveis influências nos valores naturais. Estas entrevistas são de carácter crítico até certo ponto, uma vez que tiveram de ser escolhidos os dados mais relevantes necessários para se efectuarem as comparações adequadas. Assim, ao centrar-se em grupos como os ministérios noruegueses da energia e do ambiente e as suas direcções, organizações ambientais como a Sociedade Ornitológica Norueguesa, empresas e associações de energia, não foi tomada nenhuma decisão específica sobre o número de entrevistados no início deste estudo de investigação, dado que o investigador não sabia exatamente onde esta investigação iria dar. Como resultado, na procura de implicações relacionadas com as soluções do governo norueguês para enfrentar estes desafios ambientais na indústria da energia eólica, a investigação baseia-se em pontos-chave assinalados e agrupados em conceitos semelhantes.

2.4. Recolha de dados e amostragem

Colocar questões e fazer comparações é uma parte indivisível da recolha e análise de dados escolhida nesta tese de mestrado. Além disso, as perguntas foram pertinentes para os entrevistados, a fim de se chegar a um resultado. No que diz respeito à recolha de dados primários em particular, estes foram recolhidos através de entrevistas guiadas presenciais, entrevistas por telefone e por correio eletrónico. Os entrevistados são pessoas do sector norueguês da energia eólica [NORWEA, NINA (Instituto Norueguês de Investigação da Natureza), Kjeller Vindteknikk AS (Empresa de Medições e Análises Eólicas)], do Ministério do Ambiente (MoE) e de duas Direcções do Governo norueguês (NVE, DN), da Birdlife Norway (NOF) como ONG, bem como um representante do município de Sm0la. Também se realizaram reuniões com gestores de topo da empresa Statkraft, que é o promotor do parque eólico de Sm0la.

A análise da literatura baseia-se na legislação e na regulamentação norueguesas relativas aos parques eólicos no contexto das AIA (Lei da Energia, Lei da Construção e do Planeamento, Lei da Biodiversidade, orientações para o desenvolvimento de parques eólicos na Noruega, etc.), bem como nas diretivas da UE relativas às AIA, à avaliação ambiental estratégica, ao desenvolvimento sustentável, à teoria das partes interessadas; orientações para o rastreio e a delimitação do âmbito e outras diretivas relacionadas com as aves e os habitats no contexto das AIA. No que respeita aos dados secundários, as informações são recolhidas e reunidas a partir de relatórios, artigos e livros publicados relacionados com o problema colocado. Mais especificamente, foram estudados relatórios e diretrizes provenientes de instituições de investigação (caso Sm0la/Convenção de Berna), organizações ornitológicas relacionadas com a interação das aves no que diz respeito a colisões com turbinas eólicas e, em particular, relacionadas com complicações com parques eólicos relativamente a várias funções das aves.

Este estudo de investigação centrou-se na técnica de amostragem não probabilística, no que respeita à forma como os dados foram selecionados. O facto de grupos e empresas específicos já terem sido mencionados e entrevistados indica que a informação foi obtida de pessoas e grupos que não foram escolhidos por igual probabilidade. A natureza do enunciado do problema é bastante qualitativa, o que significa que não é viável e prático fazer uma amostragem aleatória, abordando o problema da amostragem com um plano específico em mente de antemão relacionado com os possíveis entrevistados (Socialresearchmethods.net, 2006). Neste estudo de caso, os dados foram recolhidos a partir de entrevistas realizadas a ministérios noruegueses e respectivas direcções, grupos ambientalistas e empresas de energia, até se tornarem repetitivos e não surgirem novas informações nessa altura. No entanto, factores importantes que permitiram escolher a dimensão adequada da amostra foram o conhecimento e a experiência que o investigador possuía. A revisão da literatura, já mencionada, e a experiência pessoal anterior neste procedimento, ajudaram muito o investigador a fazer a amostragem correta (Thomson, 2004).

2.5. Análise de dados

Dado o facto de o estudo de caso dedutivo ser a metodologia escolhida, é necessário que a análise comparativa seja utilizada neste estudo de investigação. O processo analítico foi dividido em três etapas: descrição e sistematização dos dados, categorização dos dados e combinação entre as informações das diferentes categorias (Jacobsen, 2000). Mais especificamente, 3 categorias conceptuais de dados secundários (relatórios relevantes) e 8 categorias conceptuais de dados primários (entrevistas presenciais, telefónicas e por correio eletrónico), que constituem o quadro concetual desta investigação, são comparadas com o quadro teórico, para que o investigador possa compreender as percepções e implicações do problema apresentado. Esta categorização dos dados relacionados e a abordagem analítica, após o método de análise comparativa linha a linha, conduzem a ideias e concepções mais analíticas. Nesta tese de mestrado, os dados são organizados de forma a que todos os participantes nas entrevistas sejam escolhidos de acordo com a sua estreita relação com o enunciado do problema.

No entanto, alguns dados primários não estão muito relacionados com as categorias de dados acima referidas. Esta é a razão pela qual estes dados primários podem ser encontrados também na introdução (declarações da NORWEA e da NVE na página 2), bem como na parte da análise [***Primeira parte da análise:*** NOF comenta os estudos de base; Kjeller Vindteknikk AS e Geir Wang (Inspetor Especialista do Parque Eólico de Sm0la) sobre as medidas de atenuação; NINA sobre a energia eólica offshore. ***Segunda parte da análise:*** NOF comenta os mapas INON; NVE sobre as zonas importantes para as aves (IBAS); e MoE sobre o desenvolvimento da energia eólica offshore]. A avaliação da eficiência do processo norueguês de AIA e de licenciamento de parques eólicos no contexto da conservação das aves e a comparação entre a UE e a Noruega da legislação e dos processos de AIA relativos à avifauna constituem as duas componentes do capítulo de análise e debate. Estas duas secções de análise estão bastante interligadas com as duas sub-perguntas de apoio, tal como apresentadas na introdução, no esforço do investigador para responder explicitamente ao problema colocado na presente tese de mestrado.

2.6. Qualidade da investigação: Validade e fiabilidade

Uma das questões mais importantes para um investigador é a qualidade do estudo de investigação, que é a chave para a formação bem sucedida de uma tese de mestrado. Em geral, a fiabilidade e a validade na investigação qualitativa são asseguradas através da análise do nível de fiabilidade de um relatório de investigação (Creswell; Miller, 2000). No que diz respeito à validade, a perceção que o investigador tem deste termo tem muita influência na sua seleção das implicações e pressupostos finais.

A fiabilidade e a validade são conceptualizadas de forma justa como fiabilidade, o que afectou as perspectivas de investigação para eliminar preconceitos e aumentar a veracidade (Denzin, 1978). As entrevistas a pessoas competentes do sector da energia eólica na Noruega, bem como a outras organizações ambientais e ministérios noruegueses relevantes, constituíram um desafio para o investigador, de modo a envolver a qualidade de forma mais prática, tendo em conta que o próprio estudo de caso dedutivo será utilizado para proporcionar qualidade neste trabalho. A recolha de dados, a análise comparativa e a amostragem teórica foram componentes cruciais para uma avaliação eficaz da qualidade, dado o facto de o estudo de caso ter desempenhado um papel fundamental nesta investigação. Além disso, apesar de ter sido pedida a confirmação de todos os entrevistados, indicando os seus nomes e aprovando toda a informação recolhida (todas as conversas foram gravadas e foram feitas transcrições), não é um requisito da análise dedutiva do estudo de caso pedir aos entrevistados que aceitem a interpretação dos dados pelo investigador.

2.7. Aspectos éticos

Neste trabalho, o investigador respeitou a racionalidade e a dignidade dos participantes. Os entrevistados da indústria da energia eólica e outras pessoas envolvidas na questão foram vistos como parceiros, e não como objectos como nos métodos quantitativos, demonstrando respeito pelas suas competências (Sime, 2007). O objetivo central do investigador era não provocar qualquer dano psicológico (através da sua investigação e dos seus resultados) aos participantes, dando ênfase à confidencialidade das informações sensíveis, o que é uma caraterística importante do estudo de caso dedutivo e da investigação qualitativa.

Mais especificamente, a metodologia da investigação qualitativa tem de ser compreendida de forma justa, a fim de garantir questões éticas; assim, neste estudo de investigação, foi escolhida a posição relativista. De acordo com esta abordagem ética, coube ao investigador escolher as questões específicas a serem discutidas com os entrevistados, que derivaram das suas próprias experiências e da sua biografia pessoal (sahealthinfo.org, 2009). As normas éticas foram definidas pelo investigador com base na sua consciência, dado que nesta tese de mestrado foi utilizada uma análise comparativa através da aplicação de uma abordagem combinada de estudo de caso exploratório e de estudo de caso dedutivo. Consequentemente, a confidencialidade e a reciprocidade foram asseguradas pelo ónus pessoal do investigador, no seu esforço para não revelar e relatar dados privados e sensíveis, relacionados com os participantes a quem foram feitas as entrevistas (vários entrevistados pediram-lhe que não o fizesse). Esta posição é fundamental, especialmente quando se considera o simples facto de os projectos de energia eólica afectarem diretamente a qualidade de vida dos condados e municípios noruegueses envolvidos, bem como das aves (sahealthinfo.org, 2009).

2.8. Pontos fortes e fracos

A investigação exploratória ajudou o investigador a obter uma visão mais profunda dos EIA no domínio da energia eólica norueguesa e do seu enquadramento, ao mesmo tempo que abordou questões de grande relevância para o cerne desta questão, que está relacionado com o desenvolvimento sustentável. O parque eólico de Sm0la é o maior parque eólico da Noruega, já construído e em funcionamento efetivo, o que significa que é possível contar os impactos reais desta central eólica nas aves. Além disso, o parque eólico de Sm0la começou a funcionar em pleno em 2005 e não está muito distante dos dias de hoje, bem como do atual desenvolvimento de parques eólicos na Noruega.

Além disso, dado o facto de as abordagens qualitativas serem bastante adequadas para debates e questões como o desenvolvimento da energia eólica na Noruega em relação aos EIA, forneceram conceitos e ideias emergentes, com base na comparação de uma grande variedade de questões de gestão e explorando situações sensíveis, como as abordagens comportamentais e comunicativas das relações humanas (Matsumoto, 2009). Além disso, a grande variedade de partes interessadas nos parques eólicos que participaram nas entrevistas (eram nove) garantiu que nenhum dos lados opostos fosse posto de lado.

No entanto, neste estudo de investigação, o investigador pode não ter sido capaz de evitar, de forma sólida, potenciais aspectos negativos da sua investigação exploratória, que podem ter incluído a falta de alguma informação viável das entrevistas por correio eletrónico, apenas obtidas junto dos ministérios noruegueses da energia e do ambiente e das suas direcções (evitaram uma entrevista presencial); bem como com base na dificuldade de abordar os políticos para falarem sobre o assunto. Para além disso, é preciso saber que a investigação em curso sobre a Sm0la nas aves ainda não está concluída, uma vez que terminará em 2011. Esta realidade pode não fornecer ao investigador implicações absolutas sobre as aves e a sua proteção contra a atividade do parque eólico de Sm0la, para que possa tirar conclusões gerais. Além disso, a literatura e a teoria relacionadas com os processos de AIA e as orientações para os parques eólicos na Noruega são bastante limitadas (a legislação estava em norueguês e a tradução para inglês pode não ser exacta), bem como o número de investigadores que realizam estudos académicos no país sobre este tema específico.

No entanto, ao implementar a análise dedutiva do estudo de caso, é credível confiar na validade e fiabilidade tenazes do próprio investigador; por ser um cientista social e empresarial e por ter a ampla formação académica adequada necessária para a compilação desta tese de mestrado.

3. Quadro concetual e teórico

Esta literatura selecionada consiste numa base concetual e teórica relacionada com as questões subjacentes de: Desenvolvimento sustentável; AIA e sustentabilidade no contexto da AIA; partes interessadas na energia eólica e avifauna; AAE; avifauna e sua interação com a energia eólica; bem como à legislação, orientações e diretivas da UE e da Noruega relacionadas com a AIA e a conservação das aves.

3.1. Desenvolvimento sustentável

O desenvolvimento sustentável é um conceito que, na maior parte das vezes, tem sido mal utilizado pela comunidade internacional, referindo-se a vários tópicos, desde as alterações climáticas ao desenvolvimento empresarial. Por conseguinte, apesar de uma infinidade de conferências internacionais, reuniões e literatura escrita sobre o conceito de desenvolvimento sustentável, a interpretação deste termo continua a ser inconsistente (Bosshard, 2000). Neste ponto, é de salientar que, devido à complexidade dos aspectos ambientais, económicos e sociais, a tentativa de definir com precisão o que representa o desenvolvimento sustentável seria um desafio difícil para a investigação (O'Riordan, 1993).

As definições de sustentabilidade são compostas e diferem significativamente, uma vez que são abordadas em vários institutos e organizações. A definição de desenvolvimento sustentável mais citada está relacionada com um conceito que "satisfaz as necessidades do presente sem comprometer a capacidade das gerações futuras de satisfazerem as suas próprias necessidades" (WCED, 1987).

De acordo com o documento final da Cimeira Mundial das Nações Unidas (2005), o desenvolvimento sustentável é a integração das três componentes: desenvolvimento económico, desenvolvimento social e proteção do ambiente como pilares interdependentes e que se reforçam mutuamente. O conceito de desenvolvimento sustentável, baseado nos aspectos ecológicos, económicos e sociais e na sua correlação, pode afetar a atitude da sociedade em relação aos instrumentos de aplicação do ambiente natural (como a AIA).

Tal como se indica na figura seguinte (Figura 1), o desenvolvimento sustentável engloba os três elementos dos impactos social, económico e biofísico (ambiental) que devem ser considerados num quadro semelhante, embora tradicionalmente a atenção se tenha centrado apenas no ambiente (Kirkpatrick e Lee, 1997). No entanto, o desenvolvimento sustentável não pode ser considerado como um conceito eterno e autónomo devido à sua natureza dinâmica, dependendo apenas dos valores culturais, sociais e morais dos indivíduos (Bosshard, 1997).

Figura 1: Desenvolvimento sustentável (Universidade de Abertay Dundee, 2010)

Uma vez que os investigadores desenvolveram e reelaboraram várias definições para o conceito de *"desenvolvimento sustentável"*, a consciência crescente da necessidade de medir a sustentabilidade já estava na linha da frente (Moffatt et al., 2001). Dado o facto de os instrumentos de medição do desenvolvimento sustentável serem há muito utilizados em domínios como a economia, a responsabilidade social e as ciências ambientais, estes indicadores foram considerados como dispositivos lógicos de avaliação do desenvolvimento sustentável (Bell e Morse, Conceptual and Theoretical Framework| Environmental Impact Assessment 2003). Por conseguinte, é necessário colocar o conceito teórico de desenvolvimento sustentável numa forma concreta (Becker e Jahn, 1999).

Um dos instrumentos de medição acima referidos é a Avaliação de Impacte Ambiental (AIA), apoiada no conceito de *"Avaliação Ambiental Estratégica (AAE)"*. No capítulo 3.1.2, será definida a sustentabilidade no contexto da AIA, a fim de apoiar o quadro concetual do investigador sobre este termo na presente tese de mestrado, uma vez que já foi afirmado que o termo *"desenvolvimento sustentável"* é difícil de definir.

3.1.1. Avaliação do impacto ambiental

A avaliação do impacto ambiental (AIA) é uma ferramenta para a tomada de decisões a todos os níveis, utilizada para identificar e avaliar os potenciais impactos ambientais de um desenvolvimento atual ou proposto (Glasson et al., 1999). A AIA é definida como uma ferramenta que os governos utilizam para proteger o ambiente e para poderem saber mais sobre os impactos que a atividade humana vai criar antecipadamente (Barker e Wood, 1999). A AIA é um instrumento de gestão de projectos para recolher e analisar informações sobre os impactos ambientais de um projeto, identificando potenciais efeitos ambientais, avaliando a importância das implicações ambientais, examinando se os impactos podem ser atenuados, sugerindo medidas preventivas e corretivas de atenuação, informando os decisores e as partes interessadas sobre as interações ambientais com o projeto e aconselhando se o projeto deve ou não prosseguir (ESCAP, 2003). Os três objectivos fundamentais da AIA são conduzir à tomada de decisões, acabar com a formulação das medidas a tomar para o desenvolvimento e ser utilizada como um instrumento para o desenvolvimento sustentável (Glasson et al. 1999). A AIA foi inicialmente implementada nos EUA pela Lei da Política Ambiental Nacional (NEPA) em 1969 (Wood, 2003), sendo atualmente aplicada em mais de 100 países. No que respeita à Europa, foi exigida pela primeira vez na União Europeia (UE) através da Diretiva 85/337/CE, alterada em 1997 e 2003 (CEC, 1985, 1997, 2003).

Os processos de AIA consistem normalmente nas seguintes etapas:

seleção, delimitação do âmbito, recolha de dados e estudos de base, identificação de impactos ambientais, previsão de impactos, bem como comparação de alternativas e determinação da importância, medidas de atenuação, consulta e participação do público, monitorização ambiental e declaração de impacto ambiental (DIA) (ESCAP, 2003).

O rastreio é a primeira decisão fundamental do procedimento de AIA e o seu objetivo é determinar se uma proposta requer ou não uma AIA (eia.unu.edu, 2010). O rastreio classifica as propostas de projectos em três categorias: projectos que requerem uma AIA, projectos que não requerem uma AIA e projectos cuja necessidade de aplicação não é clara (ESCAP, 2003). Os grandes projectos, como os parques eólicos, justificam uma AIA completa por se considerar que têm impactos negativos potencialmente significativos na saúde e segurança humanas, em espécies raras ou ameaçadas, na diversidade biológica ou no estilo de vida e nos meios de subsistência dos municípios locais (eia.unu.edu, 2010).

No que diz respeito ao sector norueguês da energia eólica, o rastreio é obrigatório nos termos dos actuais regulamentos relativos às avaliações de impacto, devendo ser realizada uma AIA ao abrigo de requisitos específicos para centrais eólicas de 5 MW ou mais (NVE, 2009).

A delimitação do âmbito está relacionada com a determinação da cobertura do estudo de AIA para um projeto proposto que possa ter impactos ambientais significativos. Durante a delimitação do âmbito, são desenvolvidas alternativas à ação proposta e são identificadas questões a considerar no EIA (unescap.org, 2003). A delimitação do âmbito assegura que os estudos de AIA se centram nos impactos significativos e que não se desperdiça tempo e dinheiro em investigações desnecessárias (eia.unu.edu, 2010). A delimitação do âmbito não é uma fase isolada de uma AIA, mas pode continuar durante o processo de planeamento e conceção do projeto, com base em questões futuras que possam surgir para consideração. A delimitação do âmbito também determina os métodos de avaliação a utilizar, identifica todos os interesses afectados, bem como proporciona uma oportunidade para o envolvimento do público na determinação das questões a avaliar (unescap.org, 2003). A delimitação do âmbito é importante devido ao facto de garantir que a previsão pormenorizada só é realizada para as questões críticas relacionadas com o projeto. A AIA não é responsável pela realização de estudos exaustivos sobre todos os impactos ambientais de todos os projectos. Quando se considera necessária uma AIA em grande escala, a delimitação do âmbito deve incluir termos de referência para esses estudos adicionais (FAO, 2010).

Os métodos de delimitação do âmbito e as suas etapas são descritos a seguir: **(a)** Elaboração de um plano para o envolvimento do público numa fase inicial; **(b)** recolha de informação relevante existente e incluindo a preparação de uma lista preliminar de potenciais impactos ambientais e alternativas a estes; **(c)** distribuição de informação às partes interessadas afectadas; **(d)** identificação das principais questões de interesse público; **(e)** avaliação do significado das questões com base na informação disponível; **(f)** estabelecimento de prioridades para a avaliação ambiental; e **(g)** implementação de uma estratégia para abordar as questões prioritárias para aquelas que necessitam de mais recolha de dados para serem resolvidas (unescap.org, 2003).

Os estudos de base referem-se à recolha de informações de base sobre os aspectos biofísicos, sociais e económicos relacionados com a área em que o projeto vai ser realizado (unescap.org, 2003). Normalmente, a informação é recolhida a partir de dados secundários de uma base de dados ou da aquisição de novas informações através de amostragens no terreno nas instalações do projeto. A tarefa de recolha de informações de base começa no período de início do projeto; no entanto, a grande maioria deste procedimento é normalmente realizada durante a delimitação do âmbito (unescap.org, 2003). Os estudos de base baseiam-se nos dados obtidos para fornecer uma descrição do estado e das tendências dos factores ambientais (por exemplo, mortalidade ou tendências de reprodução das espécies), em relação aos quais as alterações previstas podem ser avaliadas em termos de importância; bem como para fornecer um meio de detetar as alterações reais através da monitorização a partir do momento em que um projeto foi implementado (unescap.org, 2003). Os estudos de base e a delimitação do âmbito estão inter-relacionados em termos de utilização dos dados disponíveis e dos conhecimentos locais. Uma vez identificados os principais impactos, é necessário efetuar estudos mais aprofundados para obter dados adicionais (FAO, 2010). É necessário um ano completo de dados de base para registar os efeitos sazonais de muitos fenómenos ambientais. No entanto, a fim de evitar atrasos na tomada de decisões, a monitorização de dados a curto prazo deve ser efectuada em paralelo com a recolha a longo prazo para fazer estimativas conservadoras dos impactos ambientais (FAO, 2010).

A identificação dos impactos começa na fase inicial da delimitação do âmbito e, à medida que o estudo de AIA progride, vai ficando disponível mais informação sobre o ambiente e as condições socioeconómicas do projeto proposto (unescap.org, 2003). A identificação preliminar dos impactos com base na delimitação do âmbito pode ser confirmada e podem ser identificados novos impactos durante o processo de investigação e AIA (unescap.org,

2003). No que diz respeito à presente tese de mestrado, os impactos biológicos e a sua consideração são os que, nesta categoria, são estudados e estão interligados com os efeitos sobre os recursos biológicos tais como a vegetação, a vida selvagem, a flora, a fauna, a vida aquática e os ecossistemas em geral (unescap.org, 2003). Um impacto pode ser descrito como a alteração de um parâmetro ambiental, que resulta de uma determinada atividade. Na Figura 2, pode observar-se que a alteração acima referida é a diferença entre o parâmetro ambiental com o projeto, em comparação com a situação do mesmo parâmetro ambiental sem o projeto (eia.unu.edu, 2010).

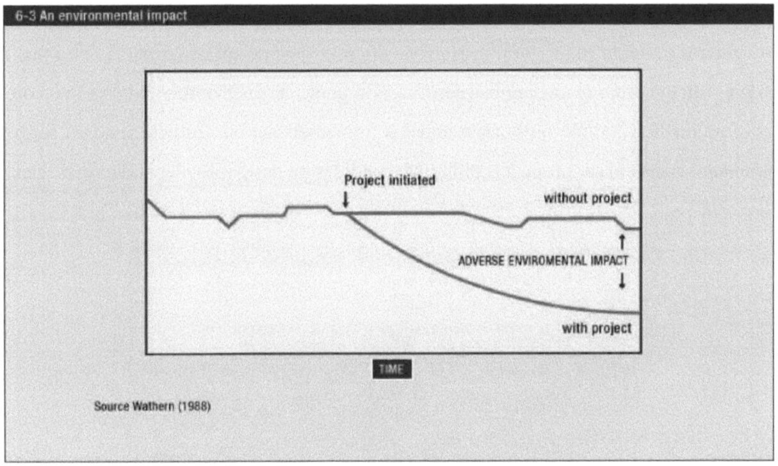

Figura 2: Um impacto ambiental (eia.unu.edu, 2010)

A previsão dos impactos e a comparação das alternativas é a etapa seguinte do processo de AIA. Desde que todos os impactos importantes tenham sido identificados, a sua possível dimensão e caraterísticas podem ser previstas (eia.unu.edu, 2010). A previsão deve basear-se nos estudos de base ambiental disponíveis, que já devem ter sido efectuados antes desta fase (unescap.org, 2003). A previsão dos impactes baseia-se na magnitude dos impactes, bem como na extensão e duração dos mesmos. Com base no facto de que deve ser alcançada uma tomada de decisão sistemática na escolha de alternativas, as análises de trade-off, que normalmente envolvem a comparação de um conjunto de alternativas em relação a uma série de factores de decisão, são uma fase comum da ferramenta (unescap.org, 2003). No que diz respeito aos elementos-chave para avaliar a importância do impacto, estes consistem nos elementos do triple bottom line no contexto dos EIA, que são as normas ecológicas, sociais e económicas (unescap.org, 2003).

As medidas de atenuação são uma componente crítica do processo de AIA e o seu objetivo é prevenir, reduzir ou compensar os impactos adversos das actividades de desenvolvimento e manter os que ocorrem dentro de um nível aceitável (eia.unu.edu, 2010). Normalmente, num EIA, as medidas de atenuação situam-se frequentemente após a secção de avaliação, vindo depois da análise e comparação de alternativas. A regra é que, primeiro, é selecionada uma alternativa preferida e, depois, são acrescentadas medidas de atenuação ao projeto (eia.unu.edu, 2010). Em geral, à medida que a AIA se torna mais pormenorizada, a prevenção dos impactos é minimizada, bem como a preocupação de compensar os impactos inevitáveis. No entanto, estas distinções não são rígidas e a mitigação criativa deve ser procurada em todas as etapas dos EIA (eia.unu.edu, 2010).

As medidas de mitigação podem ser divididas em três elementos: preventivas, corretivas e compensatórias, conforme descrito na Figura 3. Mais especificamente, no que diz respeito às medidas de atenuação preventivas (***"evitar"*** na Figura 1), estas são eficazes quando aplicadas numa fase inicial do planeamento do projeto, como evitar regiões sensíveis do ponto de vista ambiental (eia.unu.edu, 2010). A qualquer momento, durante o planeamento e a implementação do projeto, podem surgir novos tipos de impactos e devem ser propostas diferentes medidas de mitigação, dependendo de cada caso (unescap.org, 2003).

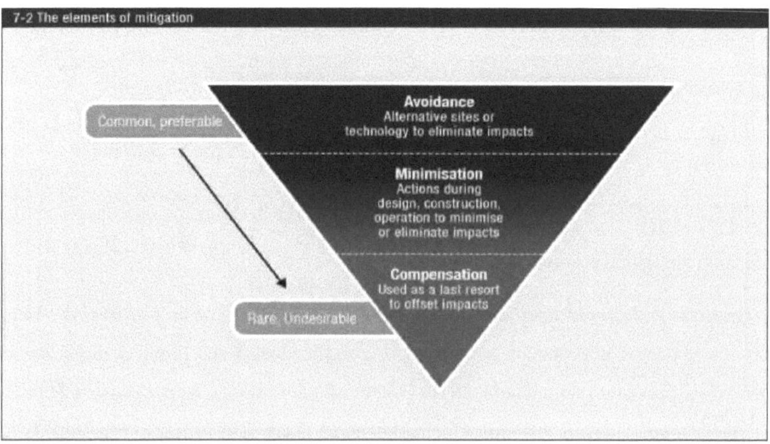

Figura 3: Os elementos de atenuação (eia.unu.edu, 2010)

O envolvimento das partes interessadas nos EIA baseia-se no processo de consulta e participação públicas. Estas partes interessadas são normalmente constituídas por pessoas locais, ONG, organizações de voluntários, sector privado, governos nacionais/locais, cientistas e peritos (unescap.org, 2003). Alguns dos benefícios do envolvimento das partes interessadas baseiam-se numa improvisação do entendimento entre as diferentes partes, na identificação de escolhas alternativas e de medidas de atenuação, bem como no sentido de apropriação local. No entanto, a inadequação do conhecimento local sobre os projectos, especialmente quando a energia eólica é implementada numa área, pode ser uma desvantagem do processo participativo que inclui as partes interessadas (unescap.org, 2003).

Um grave inconveniente da maioria das avaliações de impacto ambiental é a ***ausência de dados de base*** durante o funcionamento dos projectos de desenvolvimento. As previsões de impacto e as medidas de atenuação não podem ser bem sucedidas e eficazes sem estes dados de base.

A monitorização ambiental fornece informações específicas sobre as caraterísticas e funções de todas as variáveis em causa no espaço e no tempo (unescap.org, 2003). O objetivo mais básico da monitorização da AIA é assegurar que a execução do projeto tenha o mínimo de impactos ambientais negativos. Os principais tipos de atividade de monitorização de um EIA são: **(a)** a monitorização da linha de base, que consiste num levantamento dos parâmetros ambientais básicos na área do projeto potencial antes da construção, **(b)** a monitorização do impacto, que consiste nos parâmetros biofísicos e socioeconómicos dentro da área do projeto que têm de ser medidos durante a construção do projeto, e **(c)** a monitorização da conformidade, que consiste em métodos de amostragem periódicos e no registo sistemático de indicadores específicos de qualidade ambiental após a conclusão do projeto, a fim de garantir que o projeto mostra conformidade com as normas de proteção ambiental recomendadas (unescap.org, 2003).

Por último, todas as etapas do processo de AIA terminam na ***Declaração de Impacto Ambiental (DIA),*** cujo objetivo é fornecer uma declaração coerente dos impactos potenciais de um projeto proposto e das medidas que devem ser tomadas para os atenuar e remediar (eia.unu.edu, 2010). Além disso, o EIS aborda o âmbito completo dos impactos, incluindo os impactos a curto, médio e longo prazo, bem como a sua natureza permanente ou temporária (Historic Scotland, 2007).

3.1.2. Sustentabilidade no contexto da AIA

O desenvolvimento sustentável, especialmente com base nos aspectos ambientais da natureza, afecta o comportamento da sociedade em relação aos valores naturais através da aplicação de instrumentos de gestão e planeamento, como a avaliação do impacto ambiental. Foi feita muita investigação sobre a eficácia da AIA, mas não sobre a forma como a AIA e o desenvolvimento sustentável podem estar inter-relacionados (Nieslony, 2004). O principal objetivo da AIA é resolver o conflito entre o desenvolvimento humano e a proteção do ambiente, o que corresponde ao objetivo do desenvolvimento sustentável (Sadler e Jacobs, 1990).

A AIA, enquanto ferramenta e instrumento de gestão para alcançar e promover o desenvolvimento sustentável, depende de uma definição e interpretação individuais do conceito de *"sustentabilidade"* pelas diferentes partes interessadas (Cashmore, 2004). Assim, a conceção que a sociedade tem do que representa o desenvolvimento sustentável afecta a perceção da contribuição da AIA para este quadro (Cashmore, 2004). Embora as actuais práticas de avaliação do impacto ambiental se baseiem em quase vinte anos de experiência na Europa e a aplicação geral do sistema norueguês de AIA, em conformidade com as diretivas da UE, seja relativamente recente, não tem havido muita investigação sobre o resultado do desenvolvimento de projectos de energia eólica em zonas de populações de aves. Consequentemente, não se especifica com exatidão em que medida os EIA alcançam e promovem efetivamente o desenvolvimento sustentável, bem como a proteção das aves ameaçadas e migratórias no domínio da energia eólica norueguesa.

Com base nos pressupostos acima referidos, é útil desenvolver um quadro concetual de desenvolvimento sustentável no contexto do processo de AIA, tendo em conta as seguintes questões (Nieslony, 2004): **(a)** tomada de decisões através da participação pública, envolvimento democrático das partes interessadas com acesso ao processo de tomada de decisões (Sadler e Jacobs, 1990) **(b)** educação das partes interessadas sobre questões de sustentabilidade com base na formação (UNCED, 1992) **(c)** consideração dos impactos indirectos, cumulativos e a longo prazo de um projeto proposto (Chadwick, 2002; Cooper, 2002) **(d)** consideração e eficácia de alternativas e medidas de atenuação (Potschin e Haines-Young, 2003) e **(e)** integração de considerações ecológicas, económicas e sociais no processo de tomada de decisões (Novek, 1995) [Nieslony, 2004].

A Noruega tem como objetivo alcançar a sustentabilidade através da sua estratégia para o desenvolvimento sustentável, em que os componentes essenciais dessa política devem basear-se nos seguintes princípios (regjeringen.no, 2008):

1) ***DISTRIBUIÇÃO EQUITATIVA***

A distribuição equitativa é um valor fundamental para a Noruega, tanto para as pessoas que vivem atualmente como para as gerações futuras. Deve ser seguida uma política que incentive o crescimento económico contínuo no quadro do desenvolvimento sustentável e, ao mesmo tempo, sem comprometer a capacidade das gerações futuras de satisfazerem as suas próprias necessidades (regjeringen.no, 2008).

2) ***SOLIDARIEDADE INTERNACIONAL***

De acordo com o Governo norueguês, a pobreza no mundo é uma violação da dignidade humana e é vital que seja enfrentada eficazmente através da promoção do desenvolvimento económico e social, da democracia e dos direitos humanos. O Governo incentivará as pessoas a seguirem o princípio "pensar globalmente, atuar localmente" (regjeringen.no, 2008).

3) ***O PRINCÍPIO DA PRECAUÇÃO***

A política ambiental seguida pela Noruega deve basear-se no princípio da precaução, no sentido de que deve ser dada prioridade às considerações ambientais enquanto existirem incertezas quanto ao resultado da atividade humana. A perspetiva a longo prazo, que respeita os limites de tolerância do ambiente, está em conformidade com este princípio. As alterações ambientais cruciais e irreversíveis devem ser evitadas, sendo de importância crucial para o desenvolvimento sustentável da Noruega (regjeringen.no, 2008).

4) ***O PRINCÍPIO DO POLUIDOR-PAGADOR***

Os que poluem devem pagar os custos reais dos danos potenciais que causam ao ambiente. Desde que os poluidores sejam obrigados a pagar pelos danos que causam ao ambiente, a sociedade pode motivar-se a utilizar recursos mais eficientes. A aplicação coerente do princípio do poluidor-pagador garante que os objectivos ambientais podem ser alcançados ao menor custo possível para todas as partes interessadas envolvidas (regjeringen.no, 2008).

5) ***PRINCÍPIO DO ESFORÇO CONJUNTO***

O desenvolvimento sustentável assenta num diálogo produtivo e em esforços conjuntos de todas as partes interessadas envolvidas; assim, o princípio dos esforços conjuntos (ou democrático/participativo) surge aqui por essa razão. O ambiente e a sua proteção através da sustentabilidade devem tornar-se uma parte necessária da discussão quotidiana nas creches e escolas, para que as crianças possam adaptar esta mentalidade e conhecimento sobre o tema numa fase e idade precoces. Além disso, deve ser fornecida uma base de conhecimentos à administração pública, aos consumidores e ao sector empresarial. As autoridades norueguesas são responsáveis pela promoção de instrumentos políticos eficazes e pela prestação de informações que permitam às pessoas tomar medidas e iniciativas ambientalmente corretas (regjeringen.no, 2008).

Assim, de acordo com a análise teórica e bibliográfica internacional e norueguesa, o quadro concetual da sustentabilidade no contexto da AIA engloba

(a) O princípio da precaução está ligado aos impactos cumulativos, indirectos e a longo prazo,

(b) O princípio dos esforços conjuntos baseia-se na participação das partes interessadas,

(c) O princípio do poluidor-pagador baseado na consideração e eficácia das alternativas e medidas de atenuação e

(d) O princípio da integração centrou-se nos impactos ecológicos, económicos e sociais (Nieslony, 2004).

3.1.3. Avaliação Ambiental Estratégica

A Avaliação Ambiental Estratégica (AAE), de acordo com Partidario (1999, p.62), é *"... um processo sistemático e contínuo de avaliação, na fase mais precoce e adequada do processo de tomada de decisões publicamente responsável, da qualidade e das consequências ambientais de visões alternativas e intenções de desenvolvimento incorporadas em iniciativas políticas, de planeamento ou de programação, assegurando a plena integração de considerações biofísicas, económicas, sociais e políticas relevantes"*. A Avaliação Ambiental Estratégica e a AIA surgiram quase em simultâneo e a implementação de diferentes sistemas de AAE ocorreu não mais tarde do que os processos de AIA (Dalal-Clayton e Sadler, 2005). No entanto, só no início deste século é que a AAE se tornou um instrumento jurídico na UE (Therivel, 2004); e isso aconteceu em resultado da consideração de que pode ultrapassar os inconvenientes da AIA, ao ter em conta o ambiente mais cedo no processo de tomada de decisões (Dalal-Clayton e Sadler, 2005; Partidario, 1999). A AAE contribui para o desenvolvimento sustentável ao tentar integrar o ambiente natural, a sociedade e a economia no processo de tomada de decisões sobre políticas, planos e programas (Theophilou, 2007). O Protocolo AAE da Comissão Económica para a Europa das Nações Unidas [como suplemento da Convenção de Espoo (1991)] e a Diretiva AAE da UE foram amplamente adoptados por muitos países (Therivel, 2004).

De acordo com Therivel (2004), a AAE tem alguns princípios básicos que são os seguintes A AAE é uma ferramenta para melhorar a ação estratégica, para promover a participação de todas as partes interessadas no processo de tomada de decisão; para se concentrar nos principais constrangimentos e limites da sustentabilidade ao nível correto de elaboração do plano; para ajudar a identificar a melhor opção para a ação estratégica; para procurar minimizar os impactos negativos e otimizar os positivos e, ao mesmo tempo, para compensar a perda de benefícios e caraterísticas valiosos; e para garantir que as acções e planos estratégicos não criam danos irreversíveis dos impactos que possam ocorrer. A AAE consiste normalmente nas seguintes fases: **(1)** seleção de planos e programas **(2)** delimitação do âmbito **(3)** identificação, previsão, avaliação e atenuação de potenciais impactos **(4)** consulta, revisão e actividades pós-adoção (Epa.ie, 2003).

A importância da AAE e da sua inter-relação com a AIA baseia-se no âmbito e nos tipos de impactos descritos por esta última, que normalmente se limitam aos impactos diretos do projeto numa AIA (Thérivel e Partidàrio, 1996). A consideração dos impactos cumulativos causados por vários pequenos projectos ao longo do tempo ou no espaço nos EIA não é geralmente adequada (Benson, 2003). Do mesmo modo, a AAE lida com impactos de maior escala, como os da biodiversidade e do aquecimento global, com mais eficácia do que um EIA individual (Therivel, 2004). Além disso, a AAE tem também em consideração as alternativas ou medidas de atenuação que vão para além das que são normalmente tomadas em projectos individuais (Thérivel e Partidàrio, 1996). Do mesmo modo, uma AAE de boa qualidade facilita a identificação de opções de desenvolvimento e propostas alternativas, que são mais adequadas para alcançar o desenvolvimento sustentável (IAIA, 2002). Além disso, a AAE pode ter uma natureza mais pró-ativa, ao passo que a AIA está limitada pelo âmbito do projeto proposto que está a ser examinado (epa.ie, 2003).

No que diz respeito à sustentabilidade, a AAE contribui para a promoção do desenvolvimento sustentável com base no facto de ter o potencial de conduzir a um quadro de planeamento mais integrado, ao englobar todas as considerações de sustentabilidade (ambiente natural, sociedade, economia) ao longo do processo de planeamento; por exemplo, durante o processo de identificação de locais adequados para o desenvolvimento e avaliação de alternativas políticas (Partidàrio, 1999). No entanto, as limitações da AAE relacionadas com a necessidade de tempo e recursos (o dinheiro é um fator dissuasor da implementação da AAE em muitos casos) podem dificultar a sua aplicação por vários municípios (Thérivel, 2004). O vasto âmbito das áreas que têm de ser abrangidas, o grande número de diferentes níveis de tomada de decisão, bem como o grande número de alternativas propostas tornam a recolha de informações e a análise de dados para as AAE bastante complicadas e morosas (Thérivel e Partidàrio, 1996).

3.2. As partes interessadas na energia eólica e a avifauna

Neste capítulo, são destacadas todas as partes interessadas envolvidas no presente estudo de caso, a fim de indicar as suas inter-relações de poder.

Na necessidade de uma definição do termo *"parte interessada", uma* parte interessada pode ser *"qualquer pessoa que afecte ou seja afetada por uma atividade de tomada de decisão"* (Chevalier, 2001). Além disso, as partes interessadas são definidas como aqueles que consideram ter um interesse ou uma participação numa questão e não aqueles que a agência considera ter uma participação ou que gostaria de incluir (Jackson, 2001).

No que diz respeito às partes interessadas na energia eólica nesta tese de mestrado, são representantes das comunidades locais, da indústria norueguesa de energia eólica, das organizações ambientais e das ONG que representam as aves, bem como do governo norueguês e dos seus respectivos ministérios; *"que têm um interesse moral ou financeiro ou influência num projeto de parque eólico"* (Teoh, 2000:1).

De facto, as partes interessadas acima referidas podem ser subdivididas em **primárias, secundárias e principais**, com base na sua importância e influência nos projectos de parques eólicos (ODA, 1995).

De acordo com Weller (1998), podem ser identificados três grandes grupos de partes interessadas:

A) Partes interessadas ***reactivas* ou *inactivas***, que representam o nível mais baixo de interação com os outros, por exemplo, os fabricantes de turbinas eólicas;

B) Partes interessadas ***impulsivas ou independentes***, que podem ser pouco influenciadas, mas que podem exercer uma forte influência, por exemplo, governos, ambientalistas naturais;

C) Partes interessadas ***dinâmicas* ou *interactivas*** que, mesmo que influenciem outras partes interessadas, também são influenciadas, por exemplo, condados e municípios.

No caso presente, o governo norueguês e os seus respectivos ministérios e direcções, bem como a NOF e a BirdLife International (que fala de aves), podem ser considerados como partes interessadas primárias, devido ao facto de a legislação relevante sobre parques eólicos, tal como imposta pelo governo norueguês, afetar diretamente as populações de aves. A NINA e as empresas de energia eólica (por exemplo, a Statkraft) também podem ser consideradas como partes interessadas primárias (bem como secundárias), em relação com o problema da presente tese de mestrado. As principais partes interessadas podem ser a NORWEA, a Kjeller Vindteknikk AS (empresa de consultoria no domínio da energia eólica), bem como a comunidade de Sm0la e todas as comunidades afectadas por planos de energia eólica, que estão a tomar uma posição de consultoria sobre a questão aqui discutida.

Entretanto, com base no enunciado do problema, a NOF e a BirdLife International, enquanto ONG independentes, podem ser consideradas partes interessadas impulsivas. As partes interessadas inactivas podem ser a NORWEA, a Kjeller Vindteknikk AS e todas as comunidades relevantes. Concluindo, o Governo norueguês e os seus respectivos ministérios e direcções (que dependem dos eleitores noruegueses) podem ser considerados como partes interessadas dinâmicas, bem como a Statkraft e todas as empresas norueguesas de energia eólica (ambiente empresarial competitivo).

3.3. Birdlife e avaliação do impacto ambiental

A biodiversidade é um tema crucial a que deve ser dada grande importância, relevante para todas as etapas da AIA. A Convenção sobre a Diversidade Biológica ( ) define a biodiversidade como "a variabilidade entre os organismos vivos de todas as origens, incluindo, nomeadamente, os ecossistemas terrestres, marinhos e outros ecossistemas aquáticos e os complexos ecológicos de que fazem parte; isto inclui a diversidade dentro das espécies, entre espécies e dos ecossistemas" (IAIA, 2005). A primeira Cimeira Mundial sobre o Ambiente e o Desenvolvimento, realizada no Rio de Janeiro (1992), sublinhou a importância da biodiversidade como base da existência do mundo, a fim de assegurar um futuro sustentável para as gerações vindouras. A Convenção sobre a Diversidade Biológica (CDB), a Convenção de Ramsar e a Convenção sobre as Espécies Migratórias (CMS) reconhecem a AIA como uma ferramenta crucial para a tomada de decisões, para ajudar os planos e o desenvolvimento a incluírem questões de biodiversidade, como as espécies ameaçadas, migratórias ou endémicas (IAIA 2005). Abordar o ecossistema exige uma perspetiva e uma estratégia a longo prazo, que se deve basear em ferramentas de gestão e ambientais como as AIA; que são capazes de medir a imprevisibilidade das funções, do comportamento e das respostas do ecossistema face à interferência humana, como o desenvolvimento de parques eólicos (IAIA, 2005).

Por conseguinte, a Noruega assinou muitas convenções internacionais para promover a sustentabilidade no contexto das AIA no domínio da biodiversidade e da proteção das aves em particular. Os acordos e convenções internacionais da Noruega relacionados com as aves e as AIA incluem

Convenção sobre a Diversidade Biológica, a Cimeira Mundial sobre o Ambiente e o Desenvolvimento do Rio de Janeiro (1992), a Convenção de Berna, a Convenção de Bona, a Convenção sobre as Espécies Migratórias, a Convenção sobre o Comércio Internacional das Espécies da Fauna e da Flora Selvagens Ameaçadas de Extinção, a Convenção de Ramsar (Convenção sobre as Zonas Húmidas), o Acordo sobre a Conservação das Populações de Morcegos Europeus e a Convenção sobre a Avaliação dos Impactos Ambientais num Contexto Transfronteiriço (Espoo, 1991) (environment.no, 2010).

Mais especificamente, a Convenção de Bona, a Convenção sobre a Diversidade Biológica e as Convenções de Berna e de Ramsar estão relacionadas com a proteção das espécies de aves e estão interligadas com os procedimentos de AIA para o desenvolvimento de parques eólicos na Noruega.

A Convenção sobre Espécies Migratórias (CMS-Convenção de Bona) é um acordo global sobre a proteção das espécies migratórias de animais selvagens, a fim de evitar que qualquer espécie migratória se torne ameaçada (CMS, 2004). A Convenção entrou em vigor em 23/6/1979 e 56 países aderiram ao acordo, incluindo a Noruega. A convenção é um acordo-quadro sobre espécies e populações migratórias que atravessam regularmente as fronteiras nacionais (birdlife.no, 2010). Esta convenção funciona com várias listas que indicam diferentes graus de ação, como a lista I de espécies migratórias, que inclui espécies em risco de extinção e em que os Estados membros são obrigados a assegurar a proteção das espécies e do seu habitat através de medidas de conservação rigorosas. A lista I inclui três espécies de aves existentes na Noruega (incluindo a águia de cauda branca). A Lista II inclui espécies migratórias com um estado de conservação desfavorável e que necessitam ou beneficiariam significativamente desta cooperação internacional para garantir uma proteção adequada, incluindo vinte espécies de aves existentes na Noruega (CMS, 2010).

Para estas espécies, os Estados-Membros devem esforçar-se por celebrar acordos regionais que possam reforçar ainda mais este objetivo. Até à data, existem acordos regionais que envolvem a Europa, relacionados com aves e mamíferos, como o Acordo sobre a Conservação dos Morcegos na

Europa, ao qual a Noruega aderiu (birdlife.no, 2010). No que diz respeito aos EIA e às AAE, a convenção de 2002 instou todos os países participantes a incluírem nos EIA e nas AAE, sempre que relevante, os impactos relacionados com os impedimentos à migração, os impactos transfronteiriços nas espécies migratórias e os impactos nos padrões e nas áreas de migração (CMS, 2002).

A Convenção sobre a Diversidade Biológica (CDB) é o primeiro acordo mundial sobre a conservação e a utilização sustentável da diversidade biológica e dos seus componentes (cbd.int, 2009). A Convenção entrou em vigor em 29/12/1993 e conta com a adesão de 175 países. Um dos tópicos mais importantes da convenção é que os membros devem, na medida do possível, garantir a integração da responsabilidade pela realização dos objectivos da convenção nos vários sectores da biodiversidade, incluindo a proteção das aves (birdlife.no, 2010). No contexto da convenção, foram publicadas diretrizes para a incorporação da biodiversidade nos procedimentos de AIA e AAE, incluindo: rastreio, delimitação do âmbito, realização de avaliações de impacto para prever e identificar os potenciais impactos ambientais de um projeto ou desenvolvimento proposto (o que inclui a identificação de impactos indirectos e cumulativos relacionados com a perda ou a utilização sustentável de uma população de uma espécie), identificação de medidas de atenuação, decisão sobre a aprovação ou não de um projeto e monitorização e avaliação das actividades de desenvolvimento, impactos previstos e medidas de atenuação propostas (Cbd.int 2004).

A Convenção sobre a Vida Selvagem e os Habitats Naturais da Europa (Convenção de Berna) tem como principal objetivo proteger as plantas e os animais europeus e o seu ambiente de vida (Conselho da Europa, 2010). A convenção dá especial ênfase à proteção das espécies ameaçadas e vulneráveis e dos habitats ameaçados. O acordo entrou em vigor em 19/4/1979, com a adesão de 38 países. As espécies incluídas na convenção são enumeradas em três listas separadas: A lista I inclui cerca de 700 espécies vegetais (plantas vasculares, musgos e algas) que os países membros devem proteger rigorosamente, 19 das quais se encontram na Noruega (birdlife.no, 2010). A Lista II inclui cerca de 700 espécies animais (mamíferos, aves, etc.) que estão protegidas contra a caça e a recolha (incluindo os ovos). Muitas espécies, 145 das quais são aves, encontram-se na Noruega. Os Estados-Membros são obrigados a proteger rigorosamente estas espécies e a assegurar os seus habitats. A Lista III abrange a maioria das espécies europeias, incluindo as aves que não são abrangidas pela Lista II. A utilização espécies é regulamentada de forma a que as unidades populacionais não sejam ameaçadas. Por último, a lista IV inclui artes e métodos de caça que devem ser proibidos.

A Convenção para a Proteção das Zonas Húmidas (CW/Convenção de Ramsar) é um acordo global que foi elaborado na cidade de Ramsar, no Irão, em 2/2/1971, e envolve 114 países que subscreveram o acordo. O objetivo da Convenção é a proteção das zonas húmidas, com especial destaque para as zonas húmidas de importância internacional para as aves das zonas húmidas. Além disso, a

Convenção dá uma ênfase considerável à proteção de outra flora e fauna associadas às zonas húmidas e aos recursos das zonas húmidas, que devem ser geridos de forma sustentável (ramsar.org, 2010). Todos os países que assinaram a Convenção são obrigados a criar os chamados Sítios Ramsar. São estabelecidos critérios distintos para a identificação dessas zonas, incluindo a ocorrência de espécies ameaçadas de extinção (birdlife.no, 2010). Para as áreas incluídas na lista de Sítios Ramsar, é exigido a cada país que garanta que a função ecológica das áreas não é prejudicada pela atividade humana, tendo em conta o melhor conhecimento possível dos seus valores e limites de tolerância, com base numa forma sustentável. Até à data, a Noruega designou 23 áreas deste tipo (portanto, 5 em Svalbard) com uma área total de 700 km2 (birdlife.no, 2010).

3.4. Impacto dos parques eólicos na avifauna

As turbinas eólicas podem interferir com as aves, afectando os seus habitats naturais e criando problemas de colisão com elas, dependendo da má ou boa localização do parque eólico (canwea.ca, 2006). De facto, um estudo realizado sobre o impacto negativo das turbinas eólicas nas aves nos EUA chegou à conclusão de que apenas 2 aves por turbina morrem anualmente devido a colisões com turbinas eólicas (NWCC, 2001). Este facto mostra a enorme diferença no número de mortes por ano associadas ao embate de aves em edifícios, veículos e janelas, que se contam aos milhões. No que respeita às aves migratórias, estima-se que mais de 10 000 aves migratórias são mortas em Toronto, no Canadá, todos os anos, especialmente entre as 23h00 e as 5h00, em colisões com torres de escritórios (canwea.ca, 2006).

De acordo com a Royal Society for the Protection of Birds (RSPB) (2007), o aumento da utilização da energia eólica é apoiado, *"desde que os parques eólicos sejam localizados, concebidos e geridos de modo a não prejudicarem as aves ou os seus habitats". "*

As aves planadoras são capazes de detetar a presença de turbinas eólicas porque mudam a direção do seu voo quando voam perto das turbinas e o seu número de população pode ser sustentado (Lucas, Janss, Ferrer, 2004).

Estudos de radar de parques eólicos em terra e perto da costa no leste dos EUA indicaram que as aves canoras migratórias voam bem ao alcance das pás das grandes turbinas (worldofwindenergy.com, 2010). Esta é uma das razões pelas quais a maioria das colisões com turbinas eólicas envolveu uma única ave (Kingsley & Whittam 2005) e, mesmo em condições meteorológicas adversas, foram registadas muito poucas mortes múltiplas de aves (Powlesland, 2009).

No entanto, o facto de as turbinas eólicas terem pás que giram rapidamente evoca a imagem de uma ave a ser espancada e depois reduzida a uma nuvem de penas à deriva. Por conseguinte, os parques eólicos construídos em rotas de migração de aves, em cumes e encostas a favor do vento, em zonas de fraca visibilidade, como em locais chuvosos, enevoados e escuros, bem como em habitats estabelecidos de reprodução ou alimentação de aves, correm um risco elevado de colisões de aves (bird-habitats, 2009).

Para além de provocarem colisões, as turbinas eólicas também causam a deslocação de aves migratórias e presume-se que sejam prejudiciais em locais onde se sabe que existe uma elevada densidade de aves migratórias, especialmente nas principais zonas de paragem e locais de alimentação (WMBD, 2009). As zonas de potencial eólico situam-se, na sua maioria, ao longo das linhas costeiras, topos de montanhas e cumes, bem como zonas húmidas, que se encontram frequentemente ao longo das rotas de voo e das rotas de muitas aves migratórias (WMBD, 2009). Consequentemente, estão a ser construídos muitos parques eólicos nestas zonas, devido à sua elevada capacidade de produção de energia eólica, o que é especialmente preocupante, tendo em conta que estas regiões são frequentemente utilizadas por espécies de aves raras, ameaçadas de extinção e ameaçadas na lista vermelha (WMBD, 2009).

Há ainda muita investigação e estudos a realizar, não se centrando apenas nos parques eólicos e nas colisões de aves. É caraterístico que o desenvolvimento de parques eólicos também resulte na perda de habitat para as aves (Percival 2000). Infelizmente, existem muito poucos estudos conclusivos, devido ao facto de os procedimentos que incorporam observações pré e pós-construção serem insuficientes (Ketzenberg et al., 2002).

Muito poucos estudos tiveram em consideração as diferenças entre o comportamento diurno e noturno, avaliando na maioria das vezes a atividade diurna (Anon, 2006). A maioria das aves mortas por colisão com turbinas eólicas nos EUA são aves canoras migratórias nocturnas (Policansky, 2007). Além disso, em alguns estudos foram detectadas diferenças de comportamento entre aves residentes e migratórias em relação aos parques eólicos (Kingsley e Whittam 2005; Drewitt e Langston 2006).

Também foram frequentemente comunicadas mortes de aves devido a eletrocussão causada por linhas eléctricas ligadas a parques eólicos (abcbirds.org, 2007).

Além disso, a perturbação e a deslocação podem ser causadas pelo aumento da atividade humana num parque eólico durante os períodos de construção e manutenção, bem como pela construção de acessos rodoviários, especificamente em áreas onde havia pouco desenvolvimento humano antes da instalação do parque eólico (impactos cumulativos) (Powlesland, 2009).

Outros estudos sugerem que as perturbações podem levar a uma redução da produtividade reprodutora (Madsen 1995), bem como a uma diminuição da sobrevivência ou a uma redução do habitat disponível (Woodfield & Langston, 2004); assim, as perturbações podem ser significativas para algumas espécies em determinadas condições (impactos indirectos) (Powlesland, 2009).

De um modo geral, quando se trata de aves que morrem devido a colisões com turbinas eólicas e fios eléctricos, é bastante improvável que se especifique um número por ano em resultado do crescente desenvolvimento da energia eólica a nível mundial. Por conseguinte, deve ser tido em conta o número de aves mortas em comparação com a quantidade de energia produzida, bem como o simples facto de os parques eólicos poderem variar consideravelmente o risco que representam para as populações de aves de zona para zona (bird-habitats, 2009). Além disso, as rotas das aves migratórias não são estudadas com precisão, nem a forma como a topografia, o clima e o tipo de turbina afectam a mortalidade das aves (Gao, 2005).

A investigação realizada num determinado local dificilmente pode ser utilizada para identificar potenciais impactos e promover medidas de atenuação noutros locais, devido a diferenças na topografia, nos tipos e densidades de espécies, bem como no tipo de turbinas eólicas (Gao, 2005).

3.5. Legislação da UE relacionada com a AIA, a AAE e a Birdlife

No que diz respeito aos planos públicos de energia eólica, os requisitos para as AIA estão reflectidos nos regulamentos e orientações da UE, que os Estados-Membros (bem como a Noruega) aplicaram. As AIA foram introduzidas na Europa com a Diretiva AIA da UE 85/337/CEE (alterada pela última vez em 2009) (Ec.europa.eu, 2010). Além disso, as Zonas de Proteção Especial (ZPE) e os Sítios de Importância Comunitária (SIC) formam a rede Natura 2000, designados ao abrigo das Diretivas Aves e Habitats, respetivamente, no contexto da Diretiva AAE da UE (Parlamento Europeu, 2009).

- ***Diretiva EUEIA***

O processo de AIA garante que as consequências e os impactos ambientais dos projectos são identificados e avaliados antes de ser concedida a autorização (Ec.europa.eu, 2010). Todas as partes interessadas envolvidas podem dar a sua opinião e todos os resultados (que são publicados para informação de todas as partes envolvidas) são tidos em consideração no processo de autorização do projeto. A Diretiva AIA da UE define as categorias de projectos que devem ser sujeitas a uma AIA e o procedimento a seguir, bem como o conteúdo da avaliação de impacto (Ec.europa.eu, 2010).

Mais especificamente, de acordo com o artigo 3.º, os efeitos diretos e indirectos de um projeto devem ser tidos em conta com base nos seres humanos, na fauna e na flora; e, de acordo com o artigo 5.º, as informações a fornecer pelo dono da obra devem incluir, pelo menos, os dados necessários para identificar e avaliar os principais impactos que o projeto é suscetível de ter no ambiente. No entanto, os Estados-Membros devem, se necessário, assegurar que as autoridades que disponham de informações pertinentes, com especial referência ao artigo 3.º, as disponibilizem ao dono da obra (Eur-lex.europa.eu., 2009).

No que diz respeito ao desenvolvimento da energia eólica, esta categoria está sujeita ao n.º 3 do artigo

4.º do anexo II incluído nos projectos da indústria energética (Eur-lex.europa.eu., 2009). Também é necessário que um EIA considere os impactos cumulativos que possam surgir de uma combinação dos impactos do projeto com os de outros desenvolvimentos existentes ou planeados na zona circundante, de acordo com as orientações da UE publicadas sobre a delimitação do âmbito (Ec.europa.eu, 2001).

Deve definir-se aqui que a inclusão dos impactos indirectos e cumulativos, bem como das suas interações, numa AIA contribui para um melhor processo de tomada de decisões. Esta é a razão pela qual a Diretiva AIA da UE inclui a consideração dos impactos cumulativos. A descrição dos prováveis efeitos significativos de um projeto no Anexo IV [informações referidas no artigo 5.º, n.º 1] da Diretiva AIA consolidada (2009) deve abranger os efeitos diretos e quaisquer efeitos indirectos, secundários, cumulativos, a curto, médio e longo prazo, permanentes e temporários, positivos e negativos do projeto. Assim, a avaliação dos impactos indirectos e cumulativos, e todas as interações de impacto devem ser tidas em conta como parte integrante do processo de AIA (ec.europa.eu, 1999). Perante este facto, de acordo com a figura seguinte, há um esforço para definir estes termos com base nas orientações da UE de 1999 para a avaliação dos impactos indirectos e cumulativos, bem como das suas interações:

Indirect Impacts: Impacts on the environment, which are not a direct result of the project, often produced away from or as a result of a complex pathway. Sometimes referred to as second or third level impacts, or secondary impacts.

Cumulative Impacts: Impacts that result from incremental changes caused by other past, present or reasonably foreseeable actions together with the project.

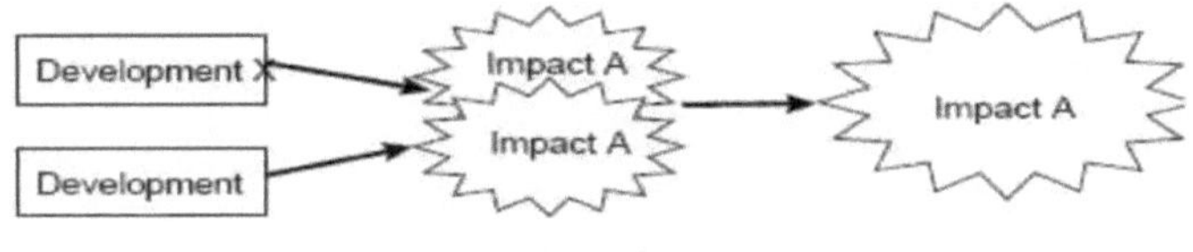

Impact Interactions: The reactions between impacts whether between the impacts of just one project or between the impacts of other projects in the areas.

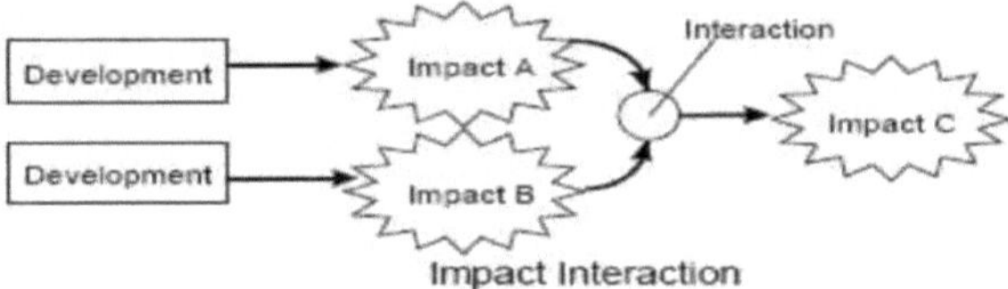

Figura 4: Impactos indirectos, impactos cumulativos e sua interação (ec.europa.eu, 1999).

- ***Diretiva AAE da UE***

A Diretiva AAE da UE (2001/42/CE), que entrou em vigor em julho de 2004, constitui um passo fundamental para a aplicação da AAE, centrada "na avaliação dos efeitos de determinados planos e programas no ambiente" (Ec.europa.eu, 2008). O principal objetivo da Diretiva AAE da UE é garantir que os impactos ambientais e as consequências para o ambiente de determinados planos e programas (incluindo os planos energéticos) sejam identificados e avaliados durante o seu processo de preparação e antes da sua adoção final, com vista à implementação do desenvolvimento sustentável, e deve basear-se no princípio da precaução (Ec.europa.eu, 2008).

Mais precisamente, no nº 2, alínea a), do artigo 3º, a AAE é exigida para planos e programas que possam ter possíveis impactos em áreas pertencentes à rede Natura 2000, de acordo com a Diretiva Habitats 92/43/CEE e a Diretiva Aves 79/409/CEE [Anexos I e II da Diretiva 85/337/CEE] (Ec.europa.eu, 2003).

No que respeita aos planos e programas a nível nacional, regional ou local, o artigo 6.º refere que os Estados-Membros *"designam as autoridades e/ou organismos a consultar que, em virtude das suas responsabilidades ambientais específicas, são susceptíveis de ser afectados pelos efeitos ambientais da aplicação dos planos e programas* (Ec.europa.eu, 2003)". Estas autoridades competentes ou autoridade são as que os Estados-Membros designam como responsáveis pelo cumprimento das obrigações decorrentes da Diretiva AAE, tal como descrito no artigo 2º (Ec.europa.eu, 2003). De acordo com o artigo 5.º, é referido que deve ser considerada uma descrição das alternativas razoáveis que incluam medidas de atenuação; bem como que o plano ou programa implementado deve incluir a consideração de "*efeitos e impactes secundários, cumulativos, sinérgicos, a curto, médio e longo prazo, permanentes e temporários, positivos e negativos*" (Ec.europa.eu, 2003 p.15).

No que diz respeito à monitorização, no artigo 10º, os Estados-Membros têm a responsabilidade de monitorizar os impactos ambientais significativos da aplicação dos planos e programas, a fim de "*identificar, numa fase precoce, os efeitos adversos imprevistos e poder tomar medidas corretivas adequadas* (Ec.europa.eu, 2001)". No mesmo artigo, os mecanismos de monitorização existentes "*podem ser utilizados, se necessário*", com vista a evitar a duplicação da monitorização. No entanto, no artigo 10º, não se determina qual a autoridade ou organismo responsável pela monitorização, mas esta pode envolver organizações privadas na recolha de dados ambientais (Ec.europa.eu, 2002). Apesar de ser aplicada apenas a planos e programas, a Diretiva AAE dá maior atenção ao nível político mais elevado no processo de tomada de decisões, à medida que a AIA e a AAE sobem os níveis de tomada de decisões (Sheate et al., 2003). Este facto fez com que países e organizações como a Associação para a Cooperação Regional da Ásia do Sul (SAARC) e a Associação das Nações do Sudeste Asiático (ASEAN) considerassem a possibilidade de aplicar o mesmo conceito, criando um instrumento legislativo de AAE semelhante (Alshuwaikhat, 2005).

- ***DIRETIVAS "HABITATS" E "AVES" da UE***

As Diretivas Habitats e Aves da UE (92/43/CEE e 79/409/CEE, respetivamente) constituem a pedra angular da política de conservação da natureza da UE, sendo as partes mais influentes da legislação europeia, previstas para a proteção e conservação de plantas, espécies e respectivos habitats. As zonas especiais de conservação (ZEC) e as zonas de proteção especial (ZPE), em conformidade com as diretivas supramencionadas, formam a rede Natura 2000, que, por sua vez, contribui para a "*rede esmeralda*" de zonas de interesse especial para a conservação (ZEC), estabelecida pela Convenção de Berna (1979) sobre a conservação da vida selvagem e dos habitats naturais europeus (Comissão Europeia DG ENV, 2009).

- ***DiREiTO DE biRDs DA UE***

A Diretiva Aves da UE (Diretiva 2009/147/CE é a versão codificada da Diretiva 79/409/CEE, conforme alterada) tem sob a sua proteção todas as aves selvagens, os seus ninhos, ovos e habitats na UE; consequentemente, todos os Estados-Membros são responsáveis pela classificação das Zonas de

Proteção Especial (ZPE) (ver Anexo G), a fim de proteger as aves raras ou vulneráveis na Europa (Anexo I, 194 espécies ameaçadas), bem como todas as aves migratórias que são visitantes regulares (snh.org.uk, 2010). De acordo com o artigo 251.º do Tratado, a tónica é colocada nas espécies migratórias e na sua proteção (sendo as principais espécies de aves selvagens) que ocorrem naturalmente no território europeu (Eur- lex.europa.eu, 2009). As actividades humanas e, em particular, a destruição e a poluição dos habitats das aves no território da UE devem ser evitadas, ao mesmo tempo que devem ser tomadas medidas especiais de conservação dos habitats das aves, a fim de garantir a sua sobrevivência e reprodução na sua área de distribuição (Eur- lex.europa.eu, 2009). De acordo com o artigo 4.º, as categorias de aves abrangidas por esta diretiva dividem-se em: **a)** espécies em perigo de extinção; **b)** espécies vulneráveis a alterações específicas do seu habitat; **c)** espécies consideradas raras devido a populações reduzidas ou a uma distribuição local restrita; **d)** outras espécies que requerem uma atenção especial devido à natureza específica do seu habitat. Com exceção das categorias supramencionadas, o mesmo artigo inclui as espécies migratórias de ocorrência regular não enumeradas no Anexo I, tendo em conta a sua necessidade de proteção na zona geográfica marítima e terrestre de aplicação da presente diretiva, no que diz respeito às zonas de reprodução, de muda e de invernada e aos pontos de paragem ao longo das suas rotas migratórias.

Além disso, o artigo 5.º proíbe a perturbação deliberada das aves mencionadas, particularmente durante o período de reprodução e de criação, na medida em que a perturbação seja significativa em relação aos objectivos da diretiva.

No que se refere à investigação sobre aves, o artigo 10.o sugere que seja dada especial atenção à investigação e ao trabalho sobre os temas enumerados no anexo V. De acordo com este anexo e em combinação com o artigo 10.o , a investigação e o trabalho relacionados com esta tese de mestrado devem ser efectuados sobre **(a)** listas nacionais de espécies em perigo de extinção ou particularmente ameaçadas, tendo em conta a sua distribuição geográfica, **(b)** listagem e descrição ecológica de áreas particularmente importantes para as espécies migratórias nas suas rotas migratórias como zonas de invernada e de nidificação, **(c)** listagem de dados sobre os níveis populacionais das espécies migratórias, demonstrados pela anilhagem, **(d)** avaliação da influência dos métodos de captura de aves selvagens nos níveis populacionais, **(e)** desenvolvimento ou aperfeiçoamento de métodos ecológicos para prevenir o tipo de danos causados às aves (Eur-lex.europa.eu, 2009).

De acordo com um estudo de investigação científica baseado em 15 Estados-Membros da UE (para os quais existiam dados suficientes) publicado na revista *Science* em agosto de 2007, ficou demonstrado que as espécies de aves enumeradas no anexo I da Diretiva Aves apresentam melhores resultados (tendências positivas em termos de reprodução e população) na UE do que noutros países europeus (Donald et al., 2007). Este facto indica que, através da designação de zonas de proteção especial (ZPE), a eficácia da Diretiva Aves é elevada no que respeita à proteção de muitas das aves mais ameaçadas da Europa contra um maior declínio das suas populações.

- ***Diretiva Habitats da UE***

A Diretiva Habitats da UE é um contributo importante da UE para a aplicação da Convenção sobre a Biodiversidade, acordada por mais de 150 países na Cimeira da Terra do Rio de Janeiro, em 1992, ao incluir um grande número de regulamentos mais amplos, tais como questões relacionadas com a conservação de habitats naturais prioritários e espécies prioritárias (snh.org.uk, 2010).

O artigo 3.º define a criação da rede Natura 2000 como uma *"rede ecológica europeia coerente composta por sítios que albergam os tipos de habitats naturais enumerados no Anexo I e os habitats das espécies enumeradas no Anexo II* [Zonas Especiais de Conservação, que conservam 189 tipos de habitats e 788 espécies identificadas nos Anexos I e II (JNCC, 2010)]. Esta rede inclui as Zonas de Proteção Especial classificadas ao abrigo da Diretiva Aves; e este novo conjunto de zonas internacionais de conservação da natureza introduzido pela Diretiva Habitats: as Zonas Especiais de Conservação (snh.org.uk, 2010).

Além disso, o artigo 3º menciona que deve haver uma representação no território de cada país dos tipos de habitats naturais e dos habitats das espécies (a lista deve incluir um mapa do sítio, o seu nome, localização, extensão e os dados resultantes da aplicação dos critérios especificados no Anexo III). O artigo 4.º refere que a lista supramencionada deve incluir também as espécies do Anexo II [as consideradas mais necessitadas de conservação a nível europeu (excluindo as aves)]; que são nativas dos habitats das espécies supramencionadas e que a lista deve ser entregue no prazo de três anos a contar da notificação da presente diretiva. Há também sítios de importância comunitária (ver Apêndice H) (existem critérios específicos para a seleção desses sítios no Anexo III), identificando os que albergam um ou mais tipos de habitats naturais prioritários ou espécies prioritárias (têm de ser incluídos nas zonas protegidas especiais no prazo máximo de seis anos).

Nos termos do artigo 6.º, os Estados-Membros tomarão todas as medidas compensatórias indispensáveis para assegurar a proteção da coerência global da rede Natura 2000; quando se trata de projectos (parques eólicos incluídos), estes serão sujeitos a uma avaliação adequada das suas implicações para o sítio, tendo em conta os objectivos de conservação do mesmo, e só prosseguirão depois de se ter verificado que não afectarão negativamente a integridade do sítio em causa. Além disso, as zonas especiais protegidas estão incluídas nos artigos 6.º, n.º 2, 6.º, n.º 3, 6.º, n.º 4, e as observações feitas em relação à Diretiva Habitats aplicam-se mutatis mutandis aos sítios classificados ao abrigo da Diretiva Aves (snh.org.uk, 2010). Nos termos do artigo 8.º, os Estados-Membros devem comunicar à Comissão os custos estimados das medidas de proteção da rede Natura 2000 e o âmbito do cofinanciamento procurado junto das fontes de financiamento da UE. A gestão especial das caraterísticas da paisagem que são de grande importância para a fauna e a flora selvagens (em relação às políticas de desenvolvimento) deve ser efectuada com base no artigo 10.º, que é essencial para a migração, a dispersão e o intercâmbio genético das espécies selvagens.

A proteção rigorosa também é mencionada nos artigos 12º e 16º para os animais do Anexo IV (espécies animais e vegetais de interesse comunitário que necessitam de proteção rigorosa, a maioria das quais também consta do Anexo II), no que se refere à deterioração ou destruição dos locais de reprodução ou de repouso e à perturbação, especialmente durante o período de reprodução, criação, hibernação e migração. É de salientar que existe um documento de orientação no contexto dos artigos 12º e 16º sobre a proteção rigorosa das espécies animais de interesse comunitário [bem como sobre o artigo 6º relativo à gestão dos sítios Natura 2000 (clarificação dos conceitos de soluções alternativas, razões imperativas de reconhecido interesse público, medidas compensatórias, coerência global, parecer da comissão) e sobre o artigo 8º relativo ao financiamento da rede Natura 2000].

No que diz respeito à investigação, o artigo 18º define que os Estados-Membros e a Comissão devem incentivar a investigação e o trabalho científico necessários, tendo em conta os objectivos estabelecidos no artigo 2º, incluindo o intercâmbio de informações e a investigação transfronteiriça em cooperação entre os Estados-Membros. Além disso, o artigo 22.º refere que a promoção da educação e a informação geral sobre a necessidade de proteger as espécies da fauna e da flora selvagens devem ser desenvolvidas a fim de conservar os seus habitats naturais.

- ***NATURA 2000 NETWORK***

A importância da rede Natura 2000 (criada em 1992) reside no facto de cada sítio (25 000 sítios no final de 2007) ser proposto numa lista nacional em avaliação: com base no seu valor relativo, na sua importância como rota migratória e sítio transfronteiriço, se for ambos, na sua superfície total, na coexistência dos vários tipos de espécies e habitats em causa, bem como no seu carácter único como zona biogeográfica (Delpeuch, 2010). Consequentemente, no que se refere às tendências populacionais das aves do Anexo I, estas têm registado melhores resultados do que outras espécies de aves na UE na última década (Comissão Europeia, 2004). Além disso, em 1992, a UE lançou o Programa LIFE-Natureza, que desempenhou um papel fundamental no estabelecimento de uma gestão eficiente das ZPE através da execução de mais de 300 projectos LIFE Nature relativos a aves (Comissão Europeia, 2004). Além disso, devido à necessidade de colaboração internacional para a proteção das aves migratórias ao longo das suas rotas migratórias, a UE ratificou, no contexto da rede Natura 2000, o Acordo sobre as Aves Aquáticas da África e da Eurásia (AEWA), que reúne 118 países para proteger 255 espécies de aves aquáticas migratórias (AEWA, 2010). Além disso, as Áreas Importantes para as Aves (IBA), sítios particularmente importantes para a conservação das aves, criadas pela Parceria da UE da BirdLife International, têm sido amplamente utilizadas como referência para a designação de sítios Natura 2000 ao abrigo da Diretiva Aves da UE (Birdlife.org, 2010).

- *INTER-RELAÇÃO ENTRE AS DIRECTIVAS "MAR", "NATURA 2000" E "AVES E HABITATS*

Por último, existe também uma relação entre a Diretiva AAE e a Rede Natura 2000, que ocorre: através da referência à Diretiva Habitats e à Diretiva Aves na definição do âmbito de aplicação da Diretiva AAE [Artigo 3(2) (b)]; através da informação a incluir na avaliação ambiental [Anexo I (d) da AAE] para os planos susceptíveis de ter um efeito significativo nos sítios Natura 2000; e finalmente através do Artigo 11(2) da Diretiva AAE, onde os procedimentos coordenados ou conjuntos devem incluir a Diretiva Habitats (Comissão Europeia DG ENV, 2009).

3.6. Legislação norueguesa sobre energia eólica e AIA

As centrais eólicas cumprem os regulamentos mais recentes de 2009 para os EIA e são também clarificadas de acordo com outras leis, diretrizes e regulamentos, tais como a Lei da Energia, a Lei do Planeamento e da Construção, a Lei do Património Cultural, a Lei do Controlo da Poluição, a Lei da Gestão da Natureza, as avaliações de conflitos temáticos e as diretrizes de energia eólica para o planeamento e a localização (NVE, 2009): Lei da Energia, Lei do Planeamento e da Construção, Lei do Património Cultural, Lei do Controlo da Poluição, Lei da Gestão da Natureza, avaliações de conflitos temáticos e orientações sobre energia eólica para o planeamento e localização de centrais eólicas (NVE, 2009).

- ***ENERGIA /LEI DO PLANEAMENTO E DA CONSTRUÇÃO***

A construção e a exploração de centrais eólicas são abrangidas pela Lei da Energia de junho de 1990 (§ 1-1; última alteração da lei em 19 de junho de 2009). De acordo com o § 3-1 da Lei da Energia, uma instalação de produção, transformação, transporte e distribuição de energia eléctrica de alta tensão (1000 V ou mais) não pode ser construída ou explorada sem uma licença da Lei da Energia, a fim de evitar danos aos valores naturais e culturais (§ 3-5) (NVE, 2009).

Os EIA relacionados com qualquer projeto de energia (bem como os projectos de energia eólica) estão em conformidade com a Lei do Planeamento e da Construção, que, em muitos parágrafos, refere os regulamentos relevantes. De acordo com o Capítulo VII-a, a proposta de AIA deve explicar o objetivo do plano ou da candidatura, a necessidade de estudos e o plano de participação; além disso, menciona que os programas propostos devem ser enviados e afixados para comentários para inspeção pública (Lovdata.no, 2009).

- ***regulamentação atual relativa à avaliação de impacto***

Os actuais regulamentos relativos às avaliações de impacto de 2009 sobre os procedimentos de planeamento e construção (Lei do Planeamento e Construção) são promovidos pelo Ministério do Ambiente, a fim de garantir que as preocupações com o ambiente e a sociedade são tidas em conta durante a preparação de planos ou acções (Lovdata.no, 2009).

No Capítulo II (âmbito e autoridade responsável), §2 (h), é mencionado que os planos para parques nacionais e outras áreas protegidas com mais de 500 km^2 (ou mais de 250 km^2 em alguns casos) devem ser sempre tratados de acordo com os regulamentos. No § 4, os critérios de avaliação dos efeitos significativos dos planos e acções (relacionados com a presente tese de mestrado) devem ser tratados de acordo com os regulamentos, se **(a)** se situam em/ou entram em conflito com áreas de ambiente natural; **(b)** se situam em/ou entram em conflito com importantes áreas naturais livres de intervenção (áreas naturais na Noruega sem grandes intervenções, que se situam a mais de uma milha de distância linear das intervenções técnicas mais pesadas, tais como grandes linhas eléctricas, estradas, etc.) ou representam uma ameaça para habitats ameaçados, espécies ameaçadas ou os seus habitats, espécies prioritárias ou as suas áreas funcionais, habitats selecionados ou outras áreas particularmente importantes para a diversidade da natureza; **(c)** estão localizados em áreas naturais de maior dimensão e em áreas abertas importantes nas cidades e vilas; e **(d)** estão em conflito com as disposições políticas actuais ou com as orientações políticas emitidas, nos termos da Lei do Planeamento e da Construção. Deve ser mencionado aqui que a avaliação da autoridade responsável sobre se um plano ou uma ação pode ter impactos significativos deve basear-se nas informações fornecidas pelo conjunto proposto e noutros conhecimentos actuais e conhecidos. A autoridade responsável deve, se necessário, contactar as autoridades competentes para esclarecer se os critérios do § 4 são aplicáveis.

No Capítulo III e no § 6 (plano ou programa de avaliação), é referido que o programa de avaliação deve explicar o objetivo do planeamento ou da ação e as questões que são consideradas importantes em relação ao ambiente e à sociedade. De acordo com o § 7, o plano ou programa proposto com a proposta de AIA deve ser enviado para consulta às autoridades competentes e às ONG; e tem de ser afixado para inspeção pública, sendo o prazo para apresentar uma declaração de reação de, pelo menos, 6 semanas após a notificação. O programa de AIA deve ser determinado dentro de um prazo razoável, normalmente não superior a 10 semanas após o prazo para apresentação de observações (de acordo com o § 8, se as autoridades interessadas considerarem que o projeto pode entrar em conflito com considerações nacionais ou regionais importantes, podem apresentar um pedido ao Ministério da Economia, que dará um parecer que será apresentado como aviso para a AIA no prazo de duas semanas). O nº 9 refere que a AIA se deve basear nos conhecimentos actuais e que, quando esses conhecimentos não estiverem disponíveis sobre questões importantes, deve haver um grau necessário de obtenção de novos conhecimentos. Além disso, o nº 11 refere que a autoridade responsável pode decidir se há necessidade de estudos adicionais ou de documentação adicional sobre condições específicas, enviando um relatório (no prazo máximo de duas semanas após a sua preparação) a quem efectuou a AIA. Um programa de acompanhamento ambiental é necessário no parágrafo 12, a fim de monitorizar os efeitos do projeto; tomando uma posição sobre quaisquer impactos imprevistos, dirigindo-se a medidas de melhoria adequadas.

No que se refere ao quadro de requisitos para o conteúdo de uma AIA, o Apêndice III inclui o que deve ser preparado, que está relacionado com **(a)** a execução de uma AIA; e **(b)** um estudo de AIA. No que se refere à realização da AIA, devem ser tidos em conta o conteúdo e a sua finalidade, um calendário para a sua realização e os objectivos pertinentes estabelecidos nas orientações políticas ou na regulamentação. No que diz respeito ao processo de estudo da AIA, este deve basear-se numa descrição das principais condições ambientais e sociais, bem como numa descrição e avaliação dos efeitos do plano (relacionados com a presente tese de mestrado), incluindo a diversidade da natureza (flora e fauna). Devem ser efectuadas medições em relação a outros projectos concluídos e planeados na área de desenvolvimento considerada, relacionadas com potenciais efeitos cumulativos significativos. Deve ser apresentada uma breve descrição dos dados básicos e da metodologia utilizada para descrever os efeitos acima referidos, bem como de quaisquer problemas profissionais ou técnicos na recolha de dados e na utilização de dados e métodos, incluindo várias soluções alternativas.

- *LEI DE GESTÃO NATURAL*

A lei sobre a gestão da diversidade da natureza ou Lei da Gestão Natural (alterada pela última vez em 2009) centra-se na diversidade biológica, paisagística e geológica, bem como nos processos ecológicos que devem ser tratados através da utilização sustentável e da proteção (Lovdata.no, 2009).

O objetivo é que as espécies e a sua diversidade genética sejam mantidas a longo prazo e que as espécies ocorram em populações viáveis nas suas áreas de distribuição natural. De acordo com o § 7, o princípio da tomada de decisões pelo público deve ser respeitado; enquanto no § 8, as decisões públicas que afectam a diversidade natural devem basear-se razoavelmente em conhecimentos científicos sobre a situação das populações das espécies, a distribuição dos habitats e o estado ecológico. Além disso, no n.º 9, o princípio da precaução é tomado em consideração, referindo que deve ser aplicado, dado que as decisões sem um conhecimento adequado dos efeitos podem ter impactos negativos no ambiente natural, bem como adiar ou não cumprir as estratégias de gestão. De acordo com o § 11, o custo da degradação ambiental deve ser coberto pelo promotor de um projeto, prevenindo ou limitando os danos à diversidade natural.

O Capítulo III (sobre a gestão das espécies) refere que está prevista a designação de espécies prioritárias específicas: **i)** quando as espécies têm uma situação populacional e um desenvolvimento populacional que é contrário à sua diversidade genética a longo prazo; **ii)** quando as espécies têm uma parte significativa da sua distribuição natural e caraterísticas genéticas na Noruega; e **iii)** quando existem obrigações internacionais relacionadas com as espécies. O Capítulo V (Proteção de Áreas) chama a atenção (em relação à avifauna) para o facto de as áreas protegidas deverem contribuir para a conservação de: **a)** amplitude de variação de habitats e paisagens; **b)** espécies e diversidade genética; **c)** áreas naturais e de função ecológica ameaçadas para espécies prioritárias; **d)** ecossistemas intactos de grandes dimensões, também para que possam estar disponíveis para actividades individuais ao ar livre; **g)** relações ecológicas e paisagísticas a nível nacional e internacional; e h) locais de referência para monitorizar a evolução da natureza. Estas zonas incluem os parques nacionais, as reservas naturais, os biótopos e as zonas marinhas protegidas. De acordo com o n.º 45, quando um determinado tipo de natureza está em grande risco de desaparecer, o Rei pode estabelecer restrições e proibir actividades que possam ameaçar ainda mais a existência contínua dos habitats.

No capítulo VI (habitats selecionados), o governo apresenta um plano de ação para garantir o tipo de natureza através da seleção de tipos de natureza, em que a gestão ativa ou outros tipos de medidas são um pré-requisito para a salvaguarda do tipo de natureza. No ponto 53, salienta-se que deve haver uma seleção dos tipos de natureza, de modo a evitar a deterioração da prevalência dos habitats. Antes de ser tomada a decisão de intervir num caso de um tipo de natureza selecionado, as consequências para a seleção desse tipo de natureza têm de ser clarificadas. Além disso, o artigo 69.º coloca a tónica nas medidas de correção e atenuação (com base no princípio do poluidor-pagador) e obriga aqueles que violam a lei ou a decisão nos termos da lei a aplicar medidas que impeçam a deterioração da diversidade natural.

- ***ORIENTAÇÕES PARA O PLANEAMENTO E LOCALIZAÇÃO DE CENTRAIS EÓLICAS***

Em 2007, foram também publicadas diretrizes para o planeamento e localização de centrais eólicas, dado que em 2006 o governo estabeleceu um novo objetivo global de aumento de 30 TWh/ano na produção de energias renováveis e eficiência energética em 2016, em comparação com 2001 (NVE, 2007). Por conseguinte, o Ministério da Energia e o Ministério do Petróleo e da Energia publicaram, em cooperação com as direcções relevantes, princípios orientadores para o planeamento e a localização de centrais eólicas, num esforço para evitar conflitos com as várias partes interessadas.

É importante referir que esta política não faz referência a condições específicas para o estabelecimento de centrais eólicas offshore, relacionadas com o transporte marítimo, as pescas e as actividades relacionadas com a aquicultura. No entanto, sempre que as orientações sejam relevantes, devem ser incluídas no planeamento e na localização das centrais eólicas offshore. De acordo com o ponto 3.2, algumas áreas abrangidas por vários tipos de proteção que devem ser tidas em conta em relação à biodiversidade são (a) sítios e zonas húmidas com estatuto internacional de acordo com a

Convenção de Ramsar; bem como (b) áreas protegidas ao abrigo da Lei de Gestão da Natureza (parques nacionais, reservas naturais, zonas de paisagem; e, em alguns casos, memórias naturais).

No ponto 3.4, a biodiversidade é tida em consideração quando se trata de selecionar locais e instalar parques eólicos, mencionando áreas potenciais de conflito muito grandes que devem ser evitadas, tais como **(a)** áreas de vida (habitats de espécies) de espécies "criticamente ameaçadas", "gravemente ameaçadas" ou "vulneráveis" (Lista Vermelha da Noruega 2006); **(b)** áreas de vida de espécies da Convenção de Bona e da lista II da Convenção de Berna; **(c)** áreas com habitats muito importantes (valor A, Guia DN n.º 13, Mapping of habitats); **(d)** áreas de vida selvagem muito importantes (DN-Manual 11: Wildlife Survey); **(e)** sítios de água doce muito importantes (valor A, DN-15 Manual: Survey of the freshwater sites); e **(f)** áreas com tipos de vegetação nas categorias "ameaça aguda" e "severamente ameaçada", (Truete vegetation types in Norway, Fremstad e Moen 2001). Além disso, outros tipos de zonas que podem criar um elevado potencial de conflito são as zonas com uma diversidade biológica rica, várias funções ecológicas e habitats importantes para as espécies, bem como rotas migratórias (outono / primavera) para as aves.

Além disso, de acordo com o ponto 3.5, pode ocorrer um potencial de conflito muito grande: **i)** em grandes sítios INON contíguos, em que partes constituem zonas de relevo selvagem; **ii)** em sítios INON que se estendem ininterruptamente do mar às montanhas; e **iii)** em sítios INON situados em regiões com muito poucos sítios.

No n.º 4, é mencionado e recomendado o estabelecimento de planos regionais para a energia eólica, variando a necessidade de planos regionais para a energia eólica em diferentes partes do país. Em algumas zonas, pode ser natural que vários municípios estejam a trabalhar em conjunto para avaliar e, eventualmente, desenvolver um plano regional para a energia eólica. No que diz respeito ao estabelecimento de um plano regional, recomenda-se a elaboração de um programa de plano que clarifique os limites, os termos e o objetivo do planeamento, bem como descreva as alegadas questões que serão discutidas. No programa do plano proposto deve haver uma avaliação simples da área planeada, com base no conhecimento existente das condições do vento, da capacidade da rede e de considerações ambientais importantes. A informação sobre os planos eólicos e energéticos deve ser obtida junto da NVE antes de se iniciar o planeamento.

O contexto e o procedimento do trabalho de planeamento dos planos regionais de energia eólica são descritos no ponto 4.3, consistindo em duas fases. A primeira fase começa com a preparação do programa do plano, que é um levantamento e sistematização do conhecimento sobre as considerações importantes nas diferentes partes da área planeada. É de salientar que as avaliações efectuadas devem ser verificáveis e a qualidade da base de dados deve ser visível. Nesta base, na segunda fase, devem ser planeados trabalhos de mapeamento que avaliem o potencial de conflito para as diferentes partes da área planeada em qualquer estabelecimento de centrais eólicas. Os municípios e os condados devem conduzir um processo de avaliação que envolva peritos locais, políticos, direcções e ministérios, que fornecerão comentários de peritos e proporão condições (NVE, 2009). Por último, o ponto 6.3.1 refere que, com base no programa de avaliação acima referido, o promotor dá início ao processo formal, contactando a autoridade responsável e as partes interessadas incluídas, e fazendo uma apresentação dos planos para a realização de um EIA.

- ***ANÁLISE TEMÁTICA DOS CONFLITOS***

Em conclusão, uma parte importante do processo de licenciamento de parques eólicos é a análise temática de conflitos (Livro Branco 11, 2004-2005). As avaliações de conflitos sistematizam e categorizam a informação sobre possíveis conflitos entre o parque eólico planeado e os vários interesses do sector, procurando assim facilitar a sua clarificação através do processo de licenciamento (NVE, 2009). A DN atribui uma nota global às consequências para o ambiente natural, categorizando os projectos de acordo com a seguinte escala de classificação geral: **i)** Categoria A: Sem conflito; **ii)** Categoria B: Conflito menor; **iii)** Categoria C: Conflito moderado (mas possível de reduzir o conflito através de medidas de mitigação, tais como pequenos ajustamentos do parque eólico como a relocalização/remoção de um pequeno número de turbinas eólicas); **iv)** Categoria D: Conflito de grandes dimensões; e, finalmente, **v)** Categoria E: Conflito de muito grandes dimensões, em que as medidas de atenuação não poderão reduzir este potencial conflito.

4. Resultados das constatações empíricas

Neste capítulo, são apresentados dados secundários de relatórios relevantes, bem como dados primários de entrevistas, relacionados com o problema central.

4.1. Perspetiva do caso do parque eólico de Sm0la

Este capítulo apresenta dados de relatórios e artigos científicos, relativos ao caso do parque eólico de Sm0la. Inclui a cronologia da controvérsia sobre a questão da colisão de aves, bem como os relatórios científicos realizados relacionados com o tema em discussão.

4.1.1. Cronologia

De acordo com o relatório da 29.ª reunião da Convenção de Berna, realizada em novembro de 2009, o caso e a cronologia do parque eólico de Sm0la são descritos em pormenor: tudo foi posto em marcha com a criação de um complexo eólico (fases I e II, de 18 km^2) no Arquipélago de Sm0la, numa zona de excecional importância para as águias de cauda branca, que aí têm a mais importante e densa concentração de reprodutores ao longo da costa atlântica norueguesa, bem como para outras espécies de aves (ver Anexo I) (birdlife.no, 2009). O relatório de AIA elaborado para esse parque eólico foi solicitado pela Statkraft à NINA em 1999, com base principalmente nos conhecimentos limitados existentes nessa altura, complementados por alguns inquéritos de campo (NINA, 1999). O EIA incluiu 4 espécies da lista vermelha e concluiu-se que o impacto do projeto eólico seria relativamente moderado (nomeadamente na águia de cauda branca). A Direção Norueguesa dos Recursos Hídricos e da Energia (NVE) atribuiu a concessão à Statkraft para ambas as fases I e II em 20 de dezembro de 2000.

No entanto, com base na correspondência trocada entre o Ministério do Ambiente (MdE) e o Ministério do Petróleo e da Energia em julho de 2001, o MdE propôs a realização de estudos prévios e posteriores à Fase I do parque eólico de Sm0la, antes da realização da Fase II, mesmo que fosse atribuída uma concessão (que deveria ser mantida); bem como o estabelecimento de medidas de mitigação obrigatórias. O ME considerou que a fase II poderia ter consequências negativas substanciais em relação a valores ambientais cruciais. A Fase I (20 turbinas) do parque eólico foi concluída em 2002 e a Fase II (48 turbinas) foi construída em 2005; com base num estudo bastante limitado da Fase I, parece ter sido efectuada uma avaliação sistemática da mortalidade por colisão em 2006. Na 27.ª reunião do Comité Permanente da Convenção de Berna, realizada em novembro de 2007, o Governo norueguês informou o Comité Permanente de que seria realizado um novo projeto de investigação até 2010-2011, a fim de melhorar a informação de base sobre os parques eólicos e os seus impactos nas aves, tanto nas fases anteriores como posteriores à construção (birdlife.no, 2009).

Na 28.ª reunião do referido Comité Permanente, realizada em novembro de 2008, o Governo norueguês forneceu informações sobre o projeto que está a ser realizado pelo NINA até 2010- 2011, bem como sobre vários inquéritos de mortalidade [existiam mais de 2400 casais de águias de cauda branca reprodutoras e as tendências eram positivas (espécie retirada da lista vermelha)]. A Birdlife International sublinhou a urgência de uma avaliação no local a realizar em 2009, dado que a mortalidade anual da águia-rabalva devido a colisões com turbinas eólicas era considerada o dobro da taxa natural; além disso, os impactos negativos globais na população local destas aves tornar-se-iam evidentes no futuro (birdlife.no, 2009).

Assim, a Noruega foi denunciada à Convenção de Berna pela Birdlife International, com a alegação de que não tinha considerado o ambiente de forma satisfatória aquando da emissão da licença para a construção do parque eólico de Sm0la (Statkraft.com, 2009). A Convenção de Berna deslocou-se à Noruega em junho de 2009 para investigar se a Noruega estava a violar os compromissos internacionais e elaborou um relatório que foi apresentado na 29ª reunião da Convenção de Berna.

4.1.2. Apreciação no local e 29ª reunião da Convenção de Berna

De acordo com os comentários e conclusões da avaliação no local em Sm0la, foi afirmado que o princípio da precaução não foi aplicado, com base em observações de águias de cauda branca com ninhos dentro do parque eólico (a ilha de Sm0la alberga a maior concentração europeia de reprodução desta espécie). Além disso, o facto de ter sido registada uma quantidade considerável de colisões de aves (especialmente de águias-da-cauda-branca, que começaram a ser monitorizadas em 2006) [26 vítimas em 3 anos (ver Apêndice K)], levou à conclusão de que o risco de colisão foi inicialmente subestimado (birdlife.no, 2009). *Os "motivos económicos contra os valores naturais"*, bem como o longo processo de designação de áreas de reserva em Sm0la, desempenharam um papel importante na promoção de um processo acelerado de licenciamento do parque eólico. Além disso, no seu relatório, as autoridades francesas sublinharam que o processo de designação chegou mesmo a ser interrompido, especialmente em 2000-2001. Do mesmo modo, foi referido que as queixas das ONG, bem como as declarações do ME e da DN, parecem ser frequentemente minimizadas ou negadas, uma vez que o ME e as agências relacionadas parecem ter o maior peso político no processo de licenciamento dos parques eólicos. Foi assinalada a falta de um plano nacional e de uma AAE para a energia eólica com vista a atingir o objetivo de 3 TWh. Além disso, as observações a longo prazo, incluindo os dados mais recentes, a medição dos impactos cumulativos e a utilização da experiência adquirida com a monitorização e os estudos anteriores foram algumas das acções sugeridas para serem preparadas antes da realização de um EIA. Os planos regionais devem ter uma perspetiva de 10 a 15 anos, contendo avaliações de temas ambientais, e não apenas projectos individuais. Por último, sugeriram sistemas de alerta precoce para desligar as turbinas eólicas durante os períodos de migração intensiva, condições meteorológicas desfavoráveis, períodos de nidificação e de corte de espécies raras (birdlife.no, 2009).

Na apresentação após a apreciação in loco, a NVE manifestou a opinião de que o processo de licenciamento foi correto, e que concedeu a licença tendo em conta a possibilidade de ocorrerem colisões com aves; salientando que o parque eólico de Sm0la era o principal contribuinte para o objetivo de 3TWh de energia eólica em 2010. No que diz respeito à DN, a Direção expressou a sua consciência de que os impactos cumulativos dos parques eólicos devem ser estudados, assim como devem ser exigidos estudos de acompanhamento para todos os projectos de parques eólicos. Pelo contrário, a NOF referiu que a DN deveria exigir e não solicitar mais investigações e medidas de atenuação relativamente ao licenciamento de parques eólicos, tal como acontece no processo de licenciamento de projectos hidroeléctricos (birdlife.no, 2009). O NINA discordou da proposta de aplicação de uma moratória total no parque eólico de Sm0la, alegando que os estudos pré e pós-construção devem ser efectuados enquanto a central eólica estiver em funcionamento. No entanto, na sua opinião, os processos de AIA devem ser melhorados no contexto dos trabalhos de campo e de gabinete sobre as aves.

Na 29ª reunião da Convenção, realizada a 26 de novembro, para o parque eólico de Sm0la e outros projectos de parques eólicos na Noruega, o Governo norueguês respondeu oficialmente ao relatório de avaliação no local. O Governo norueguês referiu que a tendência da população na Noruega, bem como em Sm0la, é positiva (ver Anexo J), com mais de 3000 casais no país. De acordo com o relatório governamental, as águias de cauda branca não se reproduzem todos os anos; assim, é provável que a dimensão real da população seja ainda mais elevada do que os territórios registados com atividade reprodutora por ano (Governo norueguês, 2009).

No que se refere ao licenciamento do parque eólico de Sm0la, o Governo respondeu que o plano municipal que identificava possíveis locais para a exploração eólica foi aprovado tardiamente pelo município em fevereiro de 2001, devido à forte oposição local. Além disso, o governo declarou que o projeto Sea Eagle (NOF) não foi mencionado no relatório de junho de 2009, que consistia numa investigação exaustiva sobre a população de águias marinhas em Sm0la. Para além desta declaração, foi igualmente referido que todas as queixas e declarações das ONG e da DN foram tidas em conta, embora nem todas tenham sido consideradas vitais para a decisão final de licenciamento. Além disso, de acordo com o Governo norueguês, a AAE não é necessária e o atual processo de licenciamento é considerado mais adequado para avaliar os impactos cumulativos do que um plano nacional (Governo norueguês, 2009). No que diz respeito à questão da autoridade de licenciamento, o Governo norueguês declarou que *"irá considerar se o papel da Direção de Gestão da Natureza no processo pode ser reforçado"*, rejeitando o relatório de junho de 2009 que refere que a DN deve garantir as investigações e medidas de atenuação necessárias no processo de licenciamento de parques eólicos (Governo norueguês, 2009).

Por último, a Comissão considerou que as obrigações decorrentes da Convenção de Berna e de outras convenções internacionais foram cumpridas e que a autorização do parque eólico de Sm0la se baseou num processo aberto.

No final da 29.ª reunião da Convenção de Berna, foram apresentadas recomendações relevantes (n.º 144) ao Governo norueguês. As recomendações mais consideráveis diziam respeito: ao desenvolvimento de centrais regionais, mas no contexto de uma AAE; à melhoria da transparência dos EIA; à necessidade de encerrar as turbinas em períodos cruciais do ciclo anual das aves (formação de casais, reprodução, migração); bem como à necessidade de designar novas zonas de conservação, com base em tipos de habitat selecionados (Convenção de Berna 144, 2009).

4.1.3. Investigação do NINA sobre o parque eólico de Sm0la

A partir de 2007 (até 2011), o Instituto Norueguês de Investigação da Natureza (NINA) está a realizar uma investigação aprofundada sobre a interação entre a energia eólica e as aves, com o projeto relacionado com o parque eólico de Sm0la denominado *"Estudos pré e pós-construção de conflitos entre aves e turbinas eólicas na Noruega costeira* (com base na descoberta de numerosas colisões de águias marinhas com turbinas eólicas na primavera de 2006)". Este projeto visa obter mais conhecimentos sobre a forma como a energia eólica pode afetar negativamente as aves nas zonas costeiras da Noruega, contribuindo para um melhor processo de planeamento (por exemplo, manobrabilidade, restrições aerodinâmicas, perceção visual, técnicas de caça, idade das aves, habituação, nidificação, alimentação, padrões de movimento locais, condições de luz e meteorológicas, topografia e localização das turbinas eólicas em relação às rotas aéreas principais e locais) (sintef.no, 2006).

No relatório de 2008, no que se refere ao sucesso reprodutor das águias de cauda branca, é referido que, após o trabalho de campo em 2007, a população mínima em Sm0la foi estimada em 68 casais. Além disso, na comuna de Sm0la foram produzidas 29 crias em 2007, das quais apenas uma foi produzida no parque eólico em 2007 (desde 2002, registaram-se quatro tentativas de reprodução bem sucedidas na zona do parque eólico). Esta baixa produtividade na zona do parque eólico em 2007 contrasta com a maior produtividade no resto da comuna de Sm0la, que foi melhor do que em muitos anos (a produção na zona fronteiriça ao parque eólico também foi satisfatória) (birdwind, 2008).

O último relatório do NINA disponível (2009) refere que, em 2009 (até 1 de dezembro), as vítimas mais frequentes foram o salgueiro-preto e a águia-pesqueira (Birdwind, 2009). Além disso, a eletrocussão também é considerada um problema importante, uma vez que mais de 120 aves electrocutadas foram registadas em colisões com o sistema de rede eléctrica de Sm0la's. Sugere-se que a remoção das armadilhas de eletrocussão poderia constituir, em parte, uma compensação pela mortalidade induzida pelas turbinas eólicas, por exemplo, no caso das águias de cauda branca.

Os resultados relativos à águia de cauda branca são diferentes em muitos aspectos: *"o facto de os juvenis de Sm0la utilizarem quase toda a costa norueguesa pode ter implicações para a seleção do local de futuras centrais eólicas ao longo da costa norueguesa"*, sublinha o relatório (ver Anexo L) (Birdwind, 2009). De acordo com os dados recolhidos, as águias-pesqueiras jovens de origem local estarão principalmente em Sm0la durante o primeiro outono, o inverno e o início da primavera seguinte. É de salientar que todas as mortes de juvenis marcados associadas a turbinas eólicas foram observadas no outono e no início da primavera (duas no primeiro outono e duas na primavera seguinte). Acrescenta-se que a maioria das aves juvenis passa a maior parte do tempo no solo, pelo que é provável que as aves que se encontram debaixo da zona varrida por rotores escapem de ser atingidas. O conhecimento dos movimentos dos poleiros noturnos em Sm0la deve estar disponível, de preferência, antes de se planearem centrais eólicas em zonas densas de reprodução da águia-rabalva. No que diz respeito ao sucesso reprodutor dentro da área do parque eólico, registou-se uma reprodução bem sucedida, produzindo uma cria em 2009, sendo ligeiramente melhor do que os resultados de 2008. Este facto contribui para uma tendência, durante as últimas épocas de reprodução, de fraco sucesso reprodutivo dentro da área do parque eólico, enquanto a zona fronteiriça em redor da central tem registado um melhor sucesso reprodutivo. Exceptuando o menor sucesso reprodutivo no interior da central eólica, a densidade do território durante as épocas de reprodução de 2008 e 2009 deslocou-se para sudoeste em comparação com o período de pré-construção, em que se situava mais ou menos na zona onde o parque eólico está agora estabelecido. A explicação para esta deslocação nas zonas de elevada densidade deve-se provavelmente a uma combinação de factores que envolvem: aumento das perturbações, aumento da mortalidade e perda de habitat. Esta deslocação explica também o baixo número de crias produzidas na zona da central durante as últimas épocas de reprodução.

Do mesmo modo, uma percentagem mais elevada de adultos numa zona de controlo (fora do parque eólico) e uma percentagem mais elevada de subadultos na zona do parque eólico pode indicar que os adultos estão a ser comportamentalmente deslocados para longe da zona do parque eólico ou que há uma percentagem mais elevada de adultos do que de subadultos mortos dentro desta zona (Birdwind, 2009). O comportamento social é muito importante para a formação de pares e pode representar um risco maior devido a uma menor consciencialização do ambiente circundante, o que pode levar a colisões com turbinas eólicas por parte das águias adultas. Por conseguinte, salienta-se que são necessários mais estudos a longo prazo, a fim de testar a hipótese de o comportamento social impor um maior risco de colisão do que as outras actividades de voo. O relatório do presente estudo mostrou que o voo em movimento é a atividade mais observada tanto na área da central eólica como na área controlada fora do parque eólico (em ambas as categorias etárias), devido aos voos frequentes das águias sob ou entre estruturas artificiais, a fim de reduzir o seu tempo de viagem quando nascem. O elevado número de adultos encontrados mortos pode, por conseguinte, ser explicado pelos voos em movimento das águias em relação aos cuidados parentais, o que representa um risco mais elevado para os adultos do que para os juvenis. A águia-da-cauda-branca tem um pico de atividade durante a compensação do período de reprodução, pelo que este facto deve ser cuidadosamente considerado quando se analisam os possíveis efeitos a longo prazo do parque eólico na população de águias na zona de Sm0la (Birdwind, 2009).

4.2. Entrevistas conceptuais

O capítulo das entrevistas conceptuais apresenta os resultados das componentes empíricas, apuradas através de entrevistas presenciais, telefónicas e por correio eletrónico realizadas no âmbito desta investigação académica.

4.2.1. Parque eólico de Sm0la

No que se refere ao caso do parque eólico de Sm0la, Kjetil Bevanger, Dr. Cientista, investigador sénior do Instituto Norueguês de Investigação da Natureza (NINA) e responsável pela investigação sobre Sm0la no âmbito do projeto *"Biirdwi nd"*, expressou, de um modo geral, a opinião de que o EIA desse projeto se limitava sobretudo aos dados existentes, devido ao pressuposto de que o conhecimento existente sobre Sm0la era bastante bom. No entanto, a NINA referiu no relatório de EIA que poderia prever problemas com águias de cauda branca e colisões com turbinas eólicas. No que diz respeito à população de águias de cauda branca em Sm0la, referiu que em 2009 foi contado o maior número de aves alguma vez observado, *"mas parece que estão a mover-se"*, tendo a maior densidade saído do parque eólico. Quanto à questão de saber se este movimento é causado por uma mudança no comportamento das aves em relação ao parque eólico, respondeu que é difícil definir o termo *"comportamento"*, embora as restantes aves estejam a ser pressionadas para fora da central. Admitiu que é razoável acreditar que este movimento é causado pelo parque eólico; no entanto, não podem concluir os resultados até 2012, altura em que a investigação terminará. Quanto às colisões de aves, admitiu francamente que há muito mais perigo com milhares de aves mortas por eletrocussão causada por colisões com linhas eléctricas, do que com colisões de aves com turbinas eólicas.

Kjetil Aa. Solbakken, secretário executivo da Sociedade Ornitológica Norueguesa (Birdlife Norway), mostrou-se muito preocupado com a população de águias de cauda branca em Sm0la e com a sua interação com o parque eólico. Segundo ele, Sm0la é uma área muito especial, uma vez que existem pequenas ilhas e águas de andorinha à volta da ilha; assim, as águias de cauda branca reproduzem-se com bastante densidade no interior da ilha, mas alimentam-se à volta da ilha. Assim, qualquer deslocação da população para fora do parque eólico pode ser perigosa. Neste contexto, sublinhou que toda a ilha de Sm0la deveria ser, ela própria, um grande sítio Ramsar de planície, uma vez que não existem sítios Ramsar em Sm0la, mas recentemente várias zonas protegidas que foram criadas após o desenvolvimento do parque eólico.

Por outro lado, Tormod Schei e Bj0rn Iuell, consultores ambientais sénior da Statkraft AS (a empresa proprietária do parque eólico de Sm0la) salientaram que as colisões de aves com turbinas eólicas são menos importantes do que a diminuição da sua população. Argumentaram que as 5-6 águias mortas em Sm0la, em média, por ano, não têm, até à data, um impacto negativo na população em geral, referindo estatísticas segundo as quais os edifícios e os gatos são uma fonte maior de colisões com aves do que as turbinas eólicas. Além disso, sublinharam que, durante esse período, o NOF e todas as partes envolvidas receavam uma diminuição do sucesso reprodutivo, uma vez que havia muitas áreas de nidificação, e que ninguém acreditava que houvesse um grande número de colisões com aves. *Foi uma surpresa para todos, incluindo os ornitólogos"*, . De igual modo, continuaram a dizer que *"construímos a fase I e não aconteceu nada, nem acidentes, nem nada"*; por isso, construíram a fase II.

No que se refere à mortalidade de aves adultas devido a colisões, expressaram a opinião de que este facto não afecta a população de aves e que é a cablagem que gera a grande mortalidade de aves. Além disso, segundo a sua opinião, as colisões em Sm0la provêm de águias residentes e de alguns tetrazes, e não de aves migratórias; estas últimas colidem com a rede, mas não com o parque eólico. *"As colisões ocorrem durante os períodos de reprodução porque disputam territórios à volta das turbinas"*, sublinharam. Além disso, referiram que *"o desafio em Sm0la é saber quais são os efeitos cumulativos, se nas ilhas vizinhas forem construídos parques eólicos, bem como no continente e ao longo da costa da Noruega"*. "Os responsáveis pelo projeto sublinharam que é impossível para um promotor de projeto, que vai construir um parque eólico numa ilha, ter uma visão total de todos os efeitos de outras centrais eólicas vizinhas. *Não temos os recursos necessários para nos sentarmos e passarmos 20 anos a estudar esta questão"*, .

4.2.2. Rotas migratórias

A NOF sublinhou que, quando realizam um EIA, as empresas geralmente olham para as aves reprodutoras, quando não se dá importância às aves migratórias e *"que é a verdadeira questão"*. De acordo com Kjetil Solbakken, a NOF tem-se esforçado por incluir as questões migratórias nos EIA; no entanto, não o tem conseguido devido à sua falta de capacidade humana, *"sendo totalmente incapaz de comentar todos os EIA"*.

No que diz respeito à Sm0la, referiu que as águias marinhas imaturas começam a reproduzir-se 5 a 6 anos após o seu nascimento e, durante este período, migram (espalham-se) para cima e para baixo na costa norueguesa, desde a cidade de Stavanger, no sul, até ao norte. *Até vão para o interior da Noruega, para a Suécia e para a Finlândia", sublinhou.* Assim, salientou que *"se tivermos estes parques eólicos "assassinos" na costa, eles matarão as aves imaturas durante a migração".* A sua conclusão foi que *"a grande mortalidade causada pelos parques eólicos pode, de facto, fazer com que a situação passe de uma população saudável para uma população insalubre".* Além disso, sublinhou que as águias de cauda branca estão a espalhar-se, esperando 5 a 6 anos até atingirem a maturidade, permanecendo no local para encontrarem o seu próprio território de reprodução. Sublinhou que o impacto do parque eólico de Sm0la é *"o facto de matar alguns residentes e aves de passagem. Se matarmos as aves de passagem, isso pode afetar também outras zonas".*

Além disso, o ganso-calvo e toda a sua população, uma espécie migratória estabelecida sobretudo em Spitsbergen, podem migrar, num dia bom, através de Sm0la; e *"isto é muito perigoso quando falamos de rotas migratórias".* No que se refere às centrais eólicas offshore, afirmou que há milhões de indivíduos de aves que viajam ao longo da costa, especialmente na primavera e no outono; por isso, independentemente do local onde serão instalados os parques eólicos offshore, estes afectarão as principais rotas migratórias das aves, como

aves marinhas e aves aquáticas. *As vítimas caem na água e não há forma de medir os efeitos",* .

O NINA salientou que, especialmente no caso da Sm0la, estão a ser recolhidos dados GPS de cerca de 50 águias jovens, relacionados com a sua migração ao longo da costa norueguesa. *Uma ave em particular foi até Lofoten e regressou três vezes",* referiu o investigador principal do Sm0la, continuando a dizer que *"até já estiveram na Suécia".* A sua principal preocupação é que *"se tivermos 100 centrais eléctricas norueguesas ao longo dessa rota migratória norueguesa, isso pode ser perigoso".* Por isso, sublinhou que o principal objetivo é prever onde se podem instalar novas centrais eléctricas com um nível aceitável de conflito. *Quando se aproxima o período de maior risco, pensamos que pedir à Statkraft que desligue a central durante 2-3 horas é a melhor opção",* concluiu.

Odd Kristian Selboe, Jo Anders Auran e Snorre Stener, conselheiros sénior da DN, afirmaram que, através da utilização de, por exemplo, a marcação de aves, o rastreio por satélite e várias estações de observação ornitológica em locais estratégicos na costa da Noruega, bem como as rotas gerais de todos os tipos de aves, são registadas. No entanto, sublinharam que *"o problema é apontar áreas mais pequenas e definidas onde as aves serão minimamente afectadas".* Concluindo, referiram que, devido ao facto de a linha costeira da Noruega ser a principal rota de passagem das aves, estas serão, de qualquer modo, afectadas em certa medida.

4.2.3. Estudos de base

De acordo com o NINA e o Sr. Bevanger, é importante que *"sejamos capazes de prever em que área temos um nível aceitável de conflito, para que possamos ser proactivos neste sentido"*, quando se trata de impactos cumulativos, a longo prazo e indirectos. Ele destacou que Sm0la é uma lição a ser aprendida sobre ser mais cuidadoso durante os procedimentos de AIA, e que os EIAs até agora foram feitos com base no conhecimento existente; *"o que não é suficiente"*. Para ele, é crucial que os estudos de base relacionados com as AIA sejam incluídos na lei e que não caiba às empresas de energia decidir o que deve ser feito nesta matéria. Além disso, salientou o facto de, nos últimos 10 anos, a indústria da energia e as autoridades ambientais discutirem sobre quem vai pagar os estudos de base. *O sector da energia diz que o governo tem a responsabilidade de disponibilizar estes dados de referência, enquanto as autoridades dizem que as empresas devem pagar por isso",* .

O NOF referiu que havia bastante conhecimento sobre as águias de cauda branca no caso de Sm0la; no entanto, em muitas outras zonas não houve o mesmo conhecimento prévio e, frequentemente, o trabalho de campo foi efectuado em quantidade inadequada. Para Kjetil Solbakken, o momento do trabalho de campo também é importante: *"Nalguns casos, o trabalho de campo pode ser realizado em setembro, o que não é a melhor altura do ano para descobrir aves nidificantes ou espécies de aves únicas"*. Salientou que os períodos de reprodução dependem das espécies; no entanto, a principal época de reprodução é de maio a junho e julho. *Para além disso, é necessário cobrir os aspectos migratórios e os aspectos de invernada, bem como as zonas de aves muito importantes nas zonas húmidas, em todas as épocas do ano"*, acrescentou. Por último, concluiu sublinhando que *"é necessário ter em conta um ano inteiro, pelo menos, no trabalho de campo dos EIA"*.

A Statkraft também concordou que os estudos de base não são muito suficientes, afirmando que deveriam ser obrigatórios na legislação. O principal problema para eles era como estabelecer estudos de base. *"As zonas remotas têm dados antigos e não de boa qualidade"*, salientaram. No entanto, questionaram se é possível fazer uma base de dados nacional, lembrando que as aves são objectos móveis. *Atualmente, nenhum biólogo pode fornecer uma base de dados para todo o país; podemos não ser capazes de a criar nos próximos 20 anos, porque são necessários 200 biólogos a fazer cartografia; e isto é muito caro"*, observaram.

No que diz respeito aos impactos cumulativos no âmbito dos estudos de base, a NVE admitiu que a avaliação dos impactos cumulativos não é um exercício simples e que as autoridades norueguesas reconheceram que não existe uma metodologia bem desenvolvida adequada para medir os impactos cumulativos. Nils Henrik Jonhson, conselheiro sénior da NVE, declarou que a DN é responsável por um projeto em colaboração com a NVE, para encontrar uma metodologia de avaliação dos impactos cumulativos para as condições norueguesas. Uma das principais áreas de incidência do referido projeto está relacionada com as aves, através do desenvolvimento de métodos adequados para investigações antes e depois dos parques eólicos.

Em conclusão, o DN admitiu que é necessário um melhor entendimento, conhecimento e vigilância sistemática da atividade das aves ao longo da costa norueguesa. Além disso, sublinharam a gravidade de uma lacuna de conhecimento demasiado grande que existe atualmente no processo *"demasiado acidental"* de medição dos efeitos cumulativos das centrais eólicas.

4.2.4. Planos nacionais e regionais

A Statkraft discordou totalmente de um plano diretor para os parques eólicos, bem como, em certa medida, dos planos regionais existentes, referindo como exemplo o condado de Rogaland, onde, segundo a Statkraft, *"o atual plano regional está, na realidade, a matar todas as iniciativas de desenvolvimento de parques eólicos"*. Sublinharam que, em primeiro lugar, é necessário encontrar as melhores zonas de capacidade eólica e, em seguida, *"descobrir com o que é que todas estas possíveis zonas de parques eólicos estão em conflito"*. Destacando o lado negativo do plano diretor norueguês para a energia hidroelétrica na década de 1980, defenderam que um plano diretor não é uma ferramenta útil para desenvolver centrais eléctricas, descrevendo-o como uma barreira que não se centra na base de recursos. Por isso, afirmaram que *"se sugerimos que se faça um plano diretor, este não deve ser construído com base em pressupostos muito errados, não sendo apenas mais uma barreira burocrática"*. De acordo com Tormod Schei, a lição aprendida com o plano diretor de energia hidroelétrica é que um novo plano diretor deve efetivamente criar nova energia eólica, sem criar *"tantas barreiras e requisitos que será impossível fazê-lo". "*

Nils Henrik Jonhson, da NVE, sublinhou que é difícil prever quanto tempo é necessário para realizar um plano regional; no entanto, um par de anos desde o início formal até à aprovação final *"poderia ser um palpite qualificado"*. Quanto à questão de saber quem tem de pagar os planos regionais e nacionais, respondeu que os próprios municípios são financeiramente responsáveis pelo seu apoio. Por outro lado, admitiu que foi o governo que pagou os planos nacionais de energia hidroelétrica e de proteção dos rios. *"Os planos regionais variam em termos de metodologia e de esforço/recursos que cada condado dedica a eles"*, sublinhou.

O Dr. Bevanger, do NINA, expressou a opinião de que é um desafio para os condados e municípios disporem de conhecimentos suficientes para serem exactos, quando planeiam planos regionais. *Definitivamente, não é uma situação óptima"*, sublinhou. Segundo ele, estes planos regionais estão a dar uma imagem aproximada das áreas adequadas para a instalação de parques eólicos. *"Resta saber se foi uma boa decisão"*, afirmou relativamente aos planos regionais. De igual modo, o Dr. Bevanger referiu que, há 10 anos, a NINA solicitou à DN a elaboração de um plano diretor completo para a energia eólica em toda a Noruega, tal como foi elaborado para a energia hidroelétrica. De acordo com a sua experiência pessoal, um plano diretor para a energia eólica deveria ter sido elaborado no contexto do plano diretor para a energia hidroelétrica.

Temos uma ideia aproximada da forma como as aves estão a utilizar as zonas e, na minha opinião, não existe informação suficientemente pormenorizada", .

De acordo com a DN, a forma como os planos regionais afectam o processo de licenciamento é fundamental e deve ser realçada. Chamaram a atenção para o facto de, em dezembro de 2009, a NVE ter atribuído licenças a quatro centrais eólicas em Rogaland, sem mencionar o plano regional desse condado no seu comunicado de imprensa. Afirmam que a decisão da NVE entrou em conflito com esse plano regional. Falando de AAE, referiram que a NINA vai realizar, na primavera, um estudo sobre os planos regionais e se estes cumprem os requisitos de uma AAE.

O secretário executivo do NOF manifestou a opinião de que o governo central, através do OED, escolhe locais sem tomar medidas sérias de proteção ambiental. *Se for economicamente viável, será desenvolvido",* observou. Além disso, afirmou que *"quando o planeamento começa, eles fazem a análise que querem longe das pessoas, e de preferência fora dos locais de pessoas ricas e influentes, especialmente na costa sul, perto da capital, onde não há um único projeto". "A maior parte dos projectos são colocados em municípios muito pobres, que querem muito desenvolvimento e concordam. Há um jogo sujo a decorrer"*, sublinhou. Por outro lado, admitiu que os planos regionais são um grande passo em frente neste contexto e que a Noruega também deveria ter planos nacionais para a energia eólica. No entanto, defendeu que o principal problema é que o planeamento efetivo tem lugar antes de os planos regionais serem aplicados. *As decisões são tomadas"*, concluiu.

4.2.5. Avaliação Ambiental Estratégica

De acordo com a NOF, a Noruega deveria absolutamente aplicar a AAE à energia eólica. *O lado ambiental do país acredita realmente que precisamos da AAE, mas as pessoas que tomam as decisões não a querem"*, comentou o secretário executivo.

Pelo contrário, Nils Henrik Jonhson, da NVE, afirmou que não é óbvio que uma AAE seja a melhor opção para o desenvolvimento da energia eólica em terra; *"provavelmente não"*, sublinhou Nils Henrik Jonhson. Na sua opinião, é necessário definir o que é realmente uma AAE para a energia eólica. No entanto, afirmou que a Lei da Energia offshore, aprovada pelo Parlamento em abril de 2010, pressupõe, através do seu Livro Branco, a realização de uma AAE em 2011, para as áreas de energia eólica offshore escolhidas para investigação mais aprofundada.

Do mesmo modo, o Statkraft sublinhou que a AAE tem de ser claramente definida como um termo. *Se estiver relacionada com um plano diretor, diríamos que não"*, respondeu Tormod Schei. Ambos os gestores de topo sublinharam que a realização ou não de uma AAE é uma questão política. Na sua opinião, é muito mais vantajoso, em primeiro lugar, avaliar os recursos eólicos, propor planos de desenvolvimento eólico e, em seguida, efetuar uma avaliação ambiental desses planos. Sublinharam que *"se começarmos uma grande avaliação a nível nacional, demoramos 10 anos e nada acontece". Há muita política e interesses envolvidos nisso, especialmente com as organizações ambientais que não querem a energia eólica"*, sublinharam.

O Dr. Bevanger do NINA defendeu que a AAE deve ser implementada para a energia eólica, como um processo que fornece conhecimentos sobre todos os tópicos que devem ser tidos em consideração, como os efeitos cumulativos que as centrais eólicas podem ter nas aves. *A questão deve ser encarada como uma área total, de Sul a Norte, porque as aves utilizam toda a área"*, defendeu. Para o desenvolvimento da energia eólica offshore, salientou que a SEA pode ser demasiado dispendiosa, mas necessária, devido à necessidade de monitorizar a forma como as aves marinhas utilizam o espaço e o tempo ao longo da costa norueguesa. A costa da Noruega está repleta de aves que migram para o Norte na primavera e para o Sul no outono; e o NINA não tem um conhecimento exato da forma como estas aves migratórias se deslocam. Especialmente durante o inverno, o Mar do Norte enche-se de aves marinhas de populações norueguesas, tanto do Norte como do Sul, para encontrarem alimento. Assim, concluiu que *"há um enorme trabalho a fazer para mapear a forma como as áreas de mar aberto são utilizadas pelas aves"*.

4.2.6. Procedimento de licenciamento: DN e NVE

Kjetil Bevanger, do NINA, salientou que, no passado, a comunicação entre a DN e a NVE não era suficientemente boa. No entanto, as suas relações estão a progredir, uma vez que trabalham agora mais em conjunto do que antes. *No entanto, penso que tudo pode ser melhor"*, acrescentou. Relativamente à questão de um possível veto da DN às decisões de licenciamento da NVE, respondeu que, caso exista um desacordo entre a NVE e a DN, este deve ser levado aos ministérios competentes e decidido a nível político. Quanto à questão de saber se a responsabilidade conjunta de ambas as direcções na decisão de licenciamento seria benéfica, sublinhou que existem possibilidades de a DN ser mais incluída nas questões ambientais relacionadas com a NVE.

Kjetil Solbakken, da NOF, observou que o Ministério do Ambiente e a sua direção deveriam ter mais influência real. *"Seria bom que o Ministério do Ambiente tivesse um veto, que pudesse dizer não"*, sublinhou . Segundo ele, a NVE é o cerne do problema nos EIAs e na implementação da AAE, no âmbito do OED. *Fazemos queixas durante os EIAs à NVE e não recebemos qualquer apoio, como no parque eólico de Sm0la"*, sublinhou. Além disso, referiu que a DN não pode exprimir livremente a sua opinião sobre estas questões, apoiando *"o que lhes mandam fazer"*. "Por conseguinte, na sua opinião, os comentários independentes provêm apenas do sector das ONG.

Pelo contrário, os quadros superiores da Statkraft observaram que a DN não devia dispor de um direito de veto. Para eles, nem a DN nem outros grupos devem ter direito de veto nas decisões de concessão de licenças, uma vez que devem ser tidos em conta muitos aspectos e interesses opostos da sociedade norueguesa. Além disso, Tormod Schei argumentou que é difícil responder se a NVE e a DN devem conceder licenças para centrais eólicas em conjunto. "*Na energia hidroelétrica, podemos ver que se a NVE conceder uma licença e a DN disser não, os políticos dizem não; existem muitos interesses fortes na Noruega*", concluiu.

Nils Henrik Jonhson, da NVE, afirmou que não concorda que uma responsabilidade conjunta seja uma boa ideia, *"se isso significar que ambas as autoridades devem ter direitos iguais para conceder licenças"*. "Na sua opinião, seria demasiado burocrático e contrário às ambições da UE de simplificar os processos de decisão no domínio das energias renováveis. Sublinhou que a DN é responsável pela apresentação de avaliações de conflito temáticas para cada projeto, dando uma visão global e a possibilidade de comparar projectos. Além disso, sublinhou que, quando as decisões da NVE são recorridas ao OED, a decisão final é frequentemente uma solução política, em que são consultados os ministérios afectados, como o MdE. Por conseguinte, na sua opinião, já existe uma responsabilidade conjunta pelo processo, independentemente da vontade do Parlamento de instalar mais energia eólica na Noruega. Continuou, afirmando que todos os factores relevantes são tidos em consideração quando as candidaturas são avaliadas e que as ONG têm tempo e espaço para expressar as suas opiniões. De facto, a NVE decidiu, em 2008, recusar as licenças para os parques eólicos offshore Havsul II (800 MW) e Havsul IV (350 MW), bem como para os parques eólicos onshore Fræna e Haugshornet. *"Estas decisões são facilmente negligenciadas quando a BirdLife Norway acusa regularmente (também através do processo Sm0la/Berne) a NVE de minimizar os impactos na biodiversidade e nas aves"*, concluiu.

4.2.7. Diretivas "Aves" e "Habitats" da UE e rede Natura 2000

A NOF salientou que a Noruega deve absolutamente aplicar as diretivas comunitárias "Aves" e "Habitats", bem como aderir à rede Natura 2000. O secretário executivo defendeu que a Lei de Gestão da Natureza é, de facto, bastante boa em muitos aspectos; *"mas é nova e não sabemos realmente o que significa"*, sublinhou. Além disso, sublinhou que a maior parte da atual rede norueguesa de cerca de 2000 áreas protegidas (15% do total das áreas) se situa nas montanhas, protegendo rochas e renas; e que existe uma enorme necessidade de proteger as zonas de planície altamente produtivas. *Na rede Natura 2000, é necessário ter uma rede representativa de todos os tipos de natureza no território, e isso não existe aqui*", sublinhou . A Noruega protegeu muitos parques nacionais, muitos dos quais estão localizados em montanhas e zonas florestais altas, bem como em Spitsbergen. Quando lhe perguntaram por que razão a Noruega não aplica estas diretivas da UE, respondeu que *"é demasiado dispendioso e politicamente inaceitável"*, devido ao facto de *"afetar a vida dos eleitores noruegueses"*. Além disso, sublinhou que, com a aplicação destas diretivas, a Noruega terá de proteger as zonas baixas, em torno de Trondheim e Oslo, *"onde as pessoas podem querer desenvolver estas zonas para a indústria ou qualquer outra coisa"*. Por conseguinte, na sua opinião, estas diretivas da UE são bastante ofensivas para a sociedade norueguesa.

Tormod Schei, do Statkraft, referiu que a Europa tem uma visão sagrada da natureza, *"algo que adoramos e protegemos". A Noruega tem outra cultura; aqui caçamos, temos muitas armas, pescamos e usamos os rios para obter energia"*, sublinhou. Na sua opinião, estas diretivas da UE reflectem mais a filosofia europeia do que a escandinava, sendo esta a razão pela qual a Noruega ainda não as implementou. Além disso, ambos os consultores seniores da Statkraft sublinharam que *"a Noruega pensava, na altura, que a nossa legislação era mais do que suficiente"*. No entanto, concordaram que a rede Natura 2000 contém muitos dados importantes sobre a avifauna que podem ser encontrados.

O DN afirmou que a Natura 2000 é uma rede eficiente, também em termos de monitorização dos habitats das aves. No entanto, o objetivo dos países pan-europeus que não estão comprometidos com a Diretiva Habitats, como a Noruega, é desenvolver a Rede Esmeralda da Convenção de Berna de modo a que esta possa ser um instrumento igualmente bom. Por conseguinte, sublinharam a intenção de implementar a rede Esmeralda ao mesmo nível que a rede Natura 2000.

4.2.8. Energia eólica e ambiente: Análise custo-benefício

Tormod Schei, da Statkraft, sublinhou que a humanidade precisa de proteger os animais e a biodiversidade, mas também precisa de energia para a sociedade. *A alternativa são as centrais a carvão, o que é pior, e o vento é uma parte da solução"*, .

Kjetil Bevanger, da NINA, expressou a opinião de que é muito importante ter uma visão holística da questão, como "*qual é o custo do aquecimento global"*, quando atualmente os países utilizam modelos económicos tradicionais. Além disso, sublinhou que a parte relativa à proteção do ambiente representa uma fração muito pequena do total. No entanto, sublinhou que surgem complicações quando as convenções internacionais são violadas.

Precisamos deste dinheiro para desenvolver a sociedade nesta ilha", salientou Kai M. Holmen, do município de Sm0la (Næringssenter KF), relativamente aos benefícios financeiros que o município obtém do parque eólico de Sm0la.

Pelo contrário, Kjetil Solbakken, da NOF, afirmou que o desenvolvimento energético tem crescido muito rapidamente, permitindo que as empresas de energia tenham um grande controlo em nome da segurança nacional. Considera que a perda de biodiversidade não é um facto que preocupe as pessoas.

Ao mesmo tempo, sublinhou que *"quando se trata de economia, toda a gente se preocupa"*. O NOF reconheceu o valor da energia eólica, *"mas o valor não existe quando se destrói a natureza valiosa"*. Por conseguinte, para Kjetil Solbakken, se os parques eólicos forem colocados em locais onde foram assinadas convenções para os proteger, *"não é realmente um bom sinal de conservação da natureza"*. Para concluir, Kjetil Solbakken considera que o atual desenvolvimento da energia eólica na Noruega não é tão sustentável como deveria ser. *Não é um bom sinal o facto de as grandes ONG lutarem arduamente contra isso; devíamos estar do lado delas"*, sublinhou Kjetil Solbakken.

5. Análise

Neste capítulo, a análise divide-se em duas partes: ***a)*** Avaliação da eficiência da AIA e do processo de licenciamento noruegueses para parques eólicos no contexto da conservação das aves; e ***b)*** Comparação entre a UE e a Noruega da legislação e dos processos de AIA no que diz respeito à avifauna.

5.1. Avaliação da eficiência do processo norueguês de AIA e licenciamento de parques eólicos no contexto da conservação das aves

Ao analisar o processo de AIA no sector norueguês da energia eólica, é necessário salientar previamente que a AIA é considerada um instrumento para o desenvolvimento sustentável, tal como já foi referido nos capítulos 3.1 e 3.1.1, sobre o desenvolvimento sustentável e a AIA, respetivamente.

J ETAPAS E PROCESSO DA EIA

Começando pelo ***rastreio,*** a regulamentação norueguesa relativa aos EIA determina que o rastreio deve ser efectuado de acordo com requisitos específicos, mesmo no caso de centrais eólicas de 5 MW ou mais. As centrais eólicas com uma capacidade de 5 MW são normalmente constituídas por 2-3 turbinas eólicas, que, de um modo geral, não podem afetar drasticamente a avifauna. Assim, este requisito de rastreio da AIA é considerado relativamente funcional e eficiente.

Quanto à ***delimitação do âmbito,*** está relacionada com a determinação da cobertura do estudo de AIA, que inclui estudos de base e monitorização ambiental. A questão da realização de uma AAE para a energia eólica coloca-se neste ponto, dado que os estudos ambientais exaustivos sobre todos os impactes não devem fazer parte de um EIA individual.

Além disso, a AAE, para além de ser um instrumento de sustentabilidade, é um procedimento muito dispendioso, moroso e bastante complicado. No que diz respeito à necessidade de uma AAE, é dada mais atenção mais tarde, quando se trata da avaliação dos planos regionais. No entanto, de acordo com os dados primários apresentados nas entrevistas conceptuais, a AAE é absolutamente necessária, pelo menos para o desenvolvimento da energia eólica offshore.

- *ESTUDOS DE BASE*

A etapa seguinte de um EIA está relacionada com os ***estudos de base e a identificação dos impactos ambientais,*** o que, de acordo com as entrevistas conceptuais, constitui um grande problema nos EIA de centrais eólicas, no que se refere à proteção das aves. Com base no capítulo 3.1.1 sobre a AIA, a grande maioria da recolha de dados de base é normalmente efectuada durante a delimitação do âmbito. A DN, a NINA, a NVE, a NOF e a Statkraft admitiram que existe uma falta de conhecimento sobre as aves e as suas funções, conhecimento esse que constitui a espinha dorsal dos estudos de referência. Os impactos indirectos, a longo prazo e cumulativos devem ser medidos com base em, pelo menos, um ano de observações, por motivos sazonais. A NOF salientou que o conhecimento sobre a reprodução (principalmente maio-junho), bem como sobre os períodos de invernada e migratórios, é inadequado. A costa norueguesa é uma zona de avifauna interligada, sendo uma parte indivisível da rede de avifauna do território europeu (ver Anexo Q). Por esta razão, a DN sublinhou a necessidade de uma melhor compreensão, conhecimento e vigilância sistemática da atividade das aves, dado que a maioria dos projectos de energia eólica estão e serão estabelecidos ao longo da costa da Noruega.

O facto de as águias de cauda branca imaturas de Sm0la se espalharem para cima e para baixo na costa norueguesa (ver apêndices L e M), enquanto outras aves migram de Spitsbergen para o sul da Noruega e vice-versa, sublinha que o desenvolvimento de parques eólicos ao longo da costa norueguesa deve basear-se em estudos de base suficientes, a fim de evitar colisões de aves durante períodos sensíveis. As rotas aéreas gerais registadas até agora não são suficientes, segundo a DN, quando se trata de indicar áreas de aves mais pequenas e definidas. Esta é outra razão que indica que os dados de base sobre as funções das aves na Noruega carecem de qualidade. Além disso, de acordo com o capítulo 3.4 sobre os impactos dos parques eólicos na avifauna, as funções das aves, como a subida, as taxas de reprodução, a fertilidade, a mortalidade, as taxas de crescimento, a migração diurna e nocturna, bem como o comportamento das aves residentes e de passagem, devem ser estudadas e incluídas nos estudos de base.

Nos termos da legislação norueguesa, apenas as rotas migratórias devem ser tidas em conta, sem que tal seja obrigatório, tal como referido nas diretrizes para a localização de parques eólicos. É compreensível quando a Statkraft afirma que a mortalidade de adultos de águias de cauda branca em Sm0la devido a colisões não afecta toda a população. No entanto, o desenvolvimento sustentável pressupõe que a proteção das aves e dos seus habitats é da maior importância, especialmente no que se refere à águia de cauda branca, uma espécie de ave pela qual a Noruega tem uma responsabilidade global.

- ***ESTUDOS DE BASE: MEDIÇÃO DOS IMPACTOS CUMULATIVOS***

Não existe uma metodologia específica para medir ***os impactos cumulativos*** das centrais eólicas, apesar de os regulamentos de AIA referirem que devem ser efectuadas medições relacionadas com potenciais efeitos cumulativos significativos; a DN e a NVE trabalham coletivamente para esse efeito. A recolha de dados sobre os impactos cumulativos deve centrar-se nas tendências históricas, nas normas regulamentares existentes e nos planos e programas de desenvolvimento (Ec.europa.eu, 1999). No entanto, este processo é moroso e os possíveis resultados poderão estar disponíveis após 2016, altura em que o objetivo de produção de energia renovável da Noruega poderá ter sido ultrapassado. Os efeitos cumulativos devem refletir os movimentos das aves e a interdependência dos sítios, bem como abranger os impactos das colisões e da perda de habitats ao nível das rotas migratórias (DIT, 2004). Segundo a Statkraft e a DN, as zonas remotas dispõem de dados antigos de má qualidade, o que obriga a um melhor conhecimento das rotas migratórias e dos movimentos das aves. Esta necessidade surge especialmente no que respeita ao desenvolvimento offshore, em que a mortalidade das aves dificilmente pode ser medida, devido ao facto de as aves mortas caírem no mar após as colisões. A Statkraft defende que a recolha de dados de base é dispendiosa quando estes são inexistentes ou insuficientes, especialmente na condição de as empresas terem de empreender este processo, que pode levar muitos anos a ser elaborado. No entanto, o crescimento da energia eólica em Noruega deve ser sustentável e os dados de referência devem ser suficientes no que respeita à avifauna, independentemente do tempo necessário para a sua realização.

É fundamental para este ponto da análise sublinhar a importância da afirmação do NINA de que Sm0la é uma lição a aprender sobre a necessidade de ser mais cuidadoso durante os procedimentos de AIA, no que diz respeito ao conhecimento existente sobre as aves. Os relatórios do NINA sobre Sm0la mencionam o menor sucesso reprodutivo das águias de cauda branca dentro da área do parque eólico, bem como o movimento da densidade de aves fora da área da central eléctrica. Na ilha de Sm0la, as águias de cauda branca reproduzem-se de forma bastante densa no interior da ilha e alimentam-se à sua volta, devido às pequenas ilhas vizinhas e às águas de andorinha. Por conseguinte, a perda dos seus habitats devido a movimentos de densidade pode ser perigosa para as suas funções básicas, sendo uma ameaça comum a todas as espécies de aves. As colisões de aves, as disfunções de reprodução devidas à construção de instalações eólicas (que podem perturbar os comportamentos de alimentação ou reprodução), bem como a perda de habitat, são razões sérias que devem ser consideradas antes de escolher uma área para o desenvolvimento de um parque eólico. A perda de quantidade e qualidade do habitat é também uma das principais causas do declínio da maioria das populações de aves (GAO, 2005). Por conseguinte, nesta ocasião, surge novamente a necessidade de um plano diretor e de uma AAE.

- ***ESTUDOS DE BASE: IDENTIFICAÇÃO DO IMPACTO/MONITORIZAÇÃO AMBIENTAL***

Os regulamentos noruegueses relativos à AIA mencionam que a identificação de impactos significativos que um plano ou uma ação possa ter deve basear-se em conhecimentos actuais e conhecidos. Esta parte mais importante da AIA é demasiado ambígua, sem especificações nos regulamentos de AIA, que já são gerais e se aplicam a todos os projectos energéticos, e não apenas às centrais eólicas. Neste ponto, pode observar-se uma grande lacuna na legislação, especialmente no que se refere ao § 9 dos regulamentos, que menciona que "*quando não se dispõe de conhecimentos sobre questões importantes, deve haver um grau necessário de obtenção de novos conhecimentos*", bem como ao § 11, que refere que "*a autoridade responsável pode decidir se há necessidade de estudos adicionais*". O Dr. Bevanger esclareceu o aspeto financeiro desta questão: durante os últimos 10 anos, a indústria energética e as autoridades ambientais discutiram sobre quem iria pagar os estudos de base, dado que este procedimento é bastante dispendioso. Por conseguinte, surge neste momento uma questão política relacionada com os custos dos estudos de base, a autoridade responsável que os cobre, bem como o grau de novos conhecimentos que *"devem"* ser obtidos; a decisão das autoridades é uma condição prévia. De facto, a obtenção de dados ambientais adicionais depende de numerosos aspectos diferentes, dos quais emergem questões políticas que se prendem sobretudo com o alcance, o tempo e o custo da recolha de dados, bem como com a autoridade responsável. As empresas não devem, obviamente, ser responsáveis por estudos de base à escala real, mas sim pela recolha de dados recentes e pela realização de alguma monitorização ambiental. As medições à escala real dos dados relativos às aves devem ser da responsabilidade do Estado, com todos os custos incluídos, com base nos planos nacionais de desenvolvimento da energia eólica, como já foi estabelecido por duas vezes (3TWh em 2010 e 30TWh até 2016, respetivamente).

A monitorização ambiental, por estar diretamente ligada a custos financeiros elevados, é de grande importância neste ponto, bem como de referência especial para as secções seguintes. A monitorização da situação de partida, do impacto e da conformidade tem de ser reforçada nos regulamentos, no que diz respeito à definição exacta da responsabilidade a assumir. A monitorização da base de referência e do impacto é desprovida de vontade, de conhecimentos de base e de recursos financeiros, como já foi referido. No entanto, os regulamentos mais recentes impõem o controlo da conformidade como um programa de acompanhamento ambiental (que não fazia parte dos regulamentos de AIA quando o parque eólico de Sm0la obteve a licença, mas foi imposto mais tarde), o que pode fornecer dados viáveis no contexto de estudos de base para futuros desenvolvimentos. De facto, trata-se de um passo salutar para a proteção das aves e para a promoção da sustentabilidade, que, no entanto, onera financeiramente as empresas. Por conseguinte, como será analisado em pormenor mais adiante, um plano nacional e uma AAE ajudam as empresas a realizar AIA de boa qualidade, de modo a que os custos ambientais sejam repartidos eficientemente entre o Estado norueguês e as empresas.

- ***MEDIDAS DE ATENUAÇÃO***

As medidas de mitigação levantam novamente a questão da falta de dados de base adequados, quando se trata de medidas preventivas; é certo que as medidas de mitigação corretivas e compensatórias não são muito necessárias, se o princípio da precaução for respeitado de antemão. Tem havido muita discussão sobre o encerramento dos parques eólicos durante as épocas de migração, com o NINA a sugerir que 2-3 horas, dependendo dos períodos migratórios, seria a melhor opção. Esta medida poderia ser aplicada para evitar, de forma razoável, a colisão de aves com turbinas eólicas, especialmente durante o período da primavera, quando ocorre a migração maciça. De acordo com 0yvind Byrkjedal, conselheiro de meteorologia da Kjeller Vindteknikk AS, normalmente cerca de 60% da produção eólica anual provém da estação do vento (outubro-março); a variação anual (verão vs. inverno) não tem um grande desvio geográfico. Se as turbinas eólicas forem desactivadas, serão enfrentados desafios técnicos devido à manutenção das peças rotativas das turbinas eólicas.

No entanto, de acordo com Geir Wang, especialista da Statkraft/inspetor de garantia da qualidade no parque eólico de Sm0la, ao desligar o serviço principal durante os períodos migratórios, os conflitos entre as aves e as turbinas podem ser reduzidos. De facto, desligar os parques eólicos na costa da Noruega durante alguns períodos pode não ser a medida de mitigação mais catastrófica que afecta a rentabilidade de uma empresa. Por conseguinte, poderia ser incluída na legislação como uma medida preventiva eficaz para evitar colisões de aves com turbinas eólicas. A previsão da intensidade da migração pode melhorar, ser um investimento importante e reduzir os custos operacionais das colisões entre turbinas eólicas e aves migratórias (Belle, 2007).

No que diz respeito às recomendações da Convenção de Berna, com exceção da migração, também a formação de casais, a reprodução e a nidificação são razões que podem levar ao encerramento de parques eólicos durante estes períodos. No entanto, esta questão é complicada e é necessário efetuar mais investigação antes de chegar a sugestões e conclusões. No que respeita às electrocussões de aves causadas por colisões com linhas eléctricas ligadas a parques eólicos, a Statkraft já tomou medidas eficazes no parque eólico de Sm0la, criando redes de cabos subterrâneos. Assim, esta solução, ainda que dispendiosa, pode contribuir para evitar a morte de muitas aves, especialmente no que respeita às espécies de aves da lista vermelha e ameaçadas.

- ***PARTICIPAÇÃO DAS PARTES INTERESSADAS NAS AVALIAÇÕES DE IMPACTO AMBIENTAL***

No que respeita ao ***envolvimento das partes interessadas nas AIA,*** a duração do processo de AIA (mais de 16 semanas, desde que tenham sido efectuados estudos de base suficientes) é considerada adequada para o envolvimento de todas as partes interessadas relevantes. O processo é bastante democrático, pois o dono da obra tem de anunciar repetidamente os seus planos e programas em público durante o processo de AIA. A NOF manifestou a sua insatisfação por não ter capacidade para comentar todos os EIA; contudo, este é um problema das ONG e das suas funções internas e não da regulamentação norueguesa em matéria de AIA.

Por outro lado, o ***peso dos comentários*** das ONG e da DN, bem como o peso de um EIA tomado em consideração pela NVE na decisão de licenciamento têm sido questões controversas, não só relacionadas com o parque eólico de Sm0la, mas também com o atual desenvolvimento da energia eólica na Noruega.

Relativamente ao caso Sm0la, a avaliação sistemática da mortalidade por colisão surgiu em 2006, apesar de o Ministério da Economia ter proposto, desde julho de 2001, estudos pré e pós-construção, bem como medidas de atenuação obrigatórias antes da construção da fase II. Assim, nessa altura, pode observar-se um clima de tensão entre o MoE e o OED (com a NINA a confirmar isso), com base também nas queixas da Convenção de Berna para o rápido desenvolvimento da energia eólica norueguesa (*"motivos económicos contra os valores da natureza"*), para que o objetivo de 3TWh em 2010 seja cumprido. De facto, a NVE expressou a opinião de que o parque eólico de Sm0la foi o principal contribuinte para o objetivo de 3TWh de energia eólica em 2010. Esta é a razão pela qual a OED e a NVE são acusadas pela Convenção de Berna e pela NOF de terem o maior peso político no processo de licenciamento de parques eólicos, apesar de o Governo norueguês o negar. No entanto, o Dr. Bevanger da NINA salientou que a DN e a NVE normalizaram significativamente os seus laços, havendo ainda espaço para um melhor entendimento e comunicação bilateral.

Por conseguinte, a questão da responsabilidade conjunta da DN e da NVE na decisão de licenciamento vem à tona neste momento; com o Dr. Bevanger a afirmar que não seria uma má opção para a DN ser mais incluída no processo de licenciamento dos parques eólicos. Neste caso, a possibilidade de um veto da DN (como a NOF propôs) pode ser uma solução para resolver a situação, uma vez que a cooperação entre as direcções e os respectivos ministérios é frequentemente mais construtiva do que um confronto aberto. Do mesmo modo, a Statkraft rejeita um potencial veto da DN à NVE para o licenciamento de parques eólicos, devido à sua opinião de que a DN tem uma abordagem protecionista em relação à natureza. É preciso saber que muitos interesses diferentes estão envolvidos nos procedimentos de licenciamento de muitos projectos de energia eólica (ver Capítulo 3.2. sobre as partes interessadas na energia eólica). No entanto, o desenvolvimento sustentável, com o qual a Noruega está comprometida, pressupõe que todos os interesses acima referidos têm de ser tratados com respeito; e esta questão é sempre controversa. A natureza e as aves são incapazes de falar por si próprias; e esta é a razão pela qual, na maioria das vezes, se dá mais ênfase e importância aos interesses humanos, como afirma a NOF.

*J **RESPONSABILIDADE CONJUNTA DA DN E DA NVE***

Por outro lado, a ***responsabilidade conjunta*** da DN e da NVE na concessão de licenças para centrais eólicas pode ser mais burocrática, bem como contrária às ambições da UE de racionalizar os processos de decisão para as energias renováveis; e esta é uma reflexão totalmente razoável. Além disso, a DN é também responsável pela apresentação de avaliações temáticas de conflitos e, por conseguinte, tem o potencial para expressar as suas reservas relativamente a condições em que as aves e os seus habitats estão em causa. No entanto, esta questão não teria surgido se não fossem as muitas queixas da Birdlife Norway e da Convenção de Berna, sublinhando que existe um fosso entre a proteção ambiental e o cumprimento dos objectivos nacionais em matéria de energias renováveis.

No que respeita à ***cooperação***, de acordo com a NVE e Nils Henrik Jonhson, deve ser desenvolvida uma metodologia comum para as investigações antes e depois entre a NVE e a DN; em resposta à NOF, esta última defende que a DN deve exigir e não solicitar medidas de atenuação no que respeita ao licenciamento de parques eólicos. Por conseguinte, a necessidade de reforçar o papel da DN no processo de licenciamento de parques eólicos é justa e significativa, especialmente quando o Governo norueguês a tomou em consideração, tal como indicado no seu relatório de resposta à Convenção de Berna. Em suma, o reforço do papel da DN deve ser apoiado. No entanto, no que se refere à questão da interferência da DN na decisão de licenciamento, é difícil chegar a uma conclusão (uma vez que não está diretamente relacionada com a questão de investigação da presente tese de mestrado), dada a reverberação política controversa que envolve, o que poderia ser um tópico para investigação futura.

S PLANOS DIRETORES E REGIONAIS

Como já foi referido, a necessidade de um ***plano diretor*** para o desenvolvimento da energia eólica vem à tona, especialmente quando o desenvolvimento da energia eólica offshore está a ser planeado na Noruega. A Statkraft sublinhou que um plano diretor não é um instrumento eficaz, uma vez que protege excessivamente as zonas naturais e dificulta o desenvolvimento da energia eólica. A elaboração de um plano diretor é morosa, mas é feita por razões de sustentabilidade. O crescimento da energia eólica pode coexistir com a proteção dos valores naturais na Noruega, dada a enorme capacidade de produção de energia eólica ao longo de toda a costa da Noruega. De facto, podem ser estabelecidos planos regionais em vez de um plano nacional para a energia eólica, sendo esta a solução alternativa do Governo norueguês para esta questão.

No entanto, estes ***Planos Regionais*** não são obrigatórios, como acontece com as diretrizes para o planeamento e localização de centrais eólicas. Por conseguinte, cabe a cada condado ou município decidir sobre a sua realização ou não. É preciso que se saiba que as diretrizes acima referidas não são adequadas para o desenvolvimento da energia eólica offshore na Noruega, o que torna os planos regionais incapazes de coordenar a indústria eólica offshore no país. O Dr. Bevanger, do NINA, manifestou as suas reservas quanto à eficácia dos planos regionais, salientando que as autoridades locais têm uma ideia aproximada da forma como as aves estão a utilizar as zonas, na ausência de dados de base suficientes. Do mesmo modo, o DN referiu que os planos regionais nem sequer foram tidos em conta quando a NVE concedeu a concessão de quatro centrais eólicas em Rogaland. Como se pode observar, surgem muitas adversidades quando os planos regionais não são tidos em consideração, bem como quando a capacidade dos condados para efectuarem planos de avaliação ambiental relacionados com a avifauna é discutível.

Na melhor das hipóteses, o estabelecimento de planos regionais é um passo corajoso em direção a um crescimento mais sustentável da energia eólica na Noruega. No entanto, o facto de não serem obrigatórios por lei, como acontece com as orientações para o planeamento e a localização de centrais eólicas, pode levar a complicações no que respeita à avifauna. Dada a situação, avaliar e prever eficazmente os impactos negativos nas populações de aves de uma forma eficaz parece ser o mais ambicioso, com base na legislação existente. Quando o Governo norueguês estabelece objectivos para a produção de energia eólica no país, põe em risco o seu sucesso sem ter em séria consideração avaliações prévias organizadas dos impactos que esta indústria pode ter na população de aves. O parque eólico de Sm0la, o maior contribuinte para o objetivo de 3TWh de capacidade de energia eólica em 2010, tem complicações com colisões de aves; e isso pode dever-se, em grande medida, à falta de um plano diretor nacional de energia eólica (como recomendado pela Convenção de Berna). O atual objetivo de aumentar acentuadamente a produção de energias renováveis e a eficiência energética para 30 TWh por ano em 2016, em comparação com 2001, levou à apresentação de cerca de cem candidaturas para a produção de energia eólica em terra e no mar. Por conseguinte, um plano diretor poderia ser seriamente considerado como uma via de sentido único para apoiar o desenvolvimento sustentável da energia eólica na Noruega, respeitando a avifauna, bem como rentável para as empresas e benéfico para as comunidades locais.

S ORIENTAÇÕES PARA O PLANEAMENTO E LOCALIZAÇÃO DE CENTRAIS EÓLICAS

As orientações para o planeamento e a localização de centrais eólicas são recomendações para o desenvolvimento da energia eólica e, como já foi referido, não são necessárias. No n.º 4, é referido que a necessidade de planos regionais para a energia eólica varia em diferentes partes do país. Assim, como se pode perceber, a combinação destas orientações sugeridas com a frase *"a necessidade... varia consoante as regiões do país"* é demasiado ambígua e facilmente evitável. Assim, as empresas podem não seguir estas diretrizes, devido à falta de dados de base suficientes sobre a avifauna. A NOF já mencionou que está a lutar para incluir as rotas migratórias nos EIA; no entanto, o elevado custo da monitorização ambiental leva as empresas de energia eólica a não incluir muitos aspectos funcionais das aves nos seus EIA. Os planos regionais para o desenvolvimento de energia eólica são um passo em frente para cobrir os custos de avaliação e recolha de dados, tal como dirigido às autoridades estatais. No entanto, os planos regionais, enquanto facultativos, não evitam os problemas que surgem quando as avaliações dos impactos diretos, indirectos, a longo prazo e cumulativos são insuficientes. A costa da Noruega é constituída por muitas zonas de aves interligadas (ver Apêndices L e M); por conseguinte, é difícil prever e atenuar vários impactos quando não é aplicado um plano diretor. No que diz respeito aos impactos cumulativos, os planos regionais não constituem uma solução óptima. Estes planos são recomendados; por conseguinte, se um condado realizar um plano regional para a energia eólica e o condado vizinho não o fizer, os impactos cumulativos nas aves são difíceis de medir eficazmente de antemão. Nestas diretrizes, é referido que vários municípios podem trabalhar em conjunto para avaliar e eventualmente desenvolver um plano regional para a energia eólica. No entanto, a questão que se coloca neste momento é o que acontece no caso de não o fazerem, uma vez que têm esse direito, de acordo com as diretrizes não vinculativas. Além disso, todos os impactos relevantes serão insuficientemente cobertos e resolvidos, como os impactos a longo prazo e indirectos relacionados com as rotas migratórias e outras funções das aves.

J AVALIAÇÃO AMBIENTAL ESTRATÉGICA

Por conseguinte, ***a AAE*** pode ser uma solução alternativa eficiente, enquanto ferramenta de sustentabilidade para avaliar os impactos ambientais dos planos nacionais ou regionais de energia eólica em terra e no mar.

Tal como referido no capítulo 3.1.3 sobre a AAE, esta pode ultrapassar os inconvenientes da AIA, ao ter em conta as questões ambientais numa fase mais precoce do processo de tomada de decisões e ao garantir que as acções e planos estratégicos não criem danos irreversíveis decorrentes de impactos que possam ocorrer. Por conseguinte, a AAE é um instrumento eficaz quando são implementados planos nacionais ou regionais, uma vez que pode efetuar a delimitação do âmbito e identificar, numa fase inicial, muitos impactos negativos no ambiente (estudos de base). No caso presente, podem ser abordadas várias questões relacionadas com a avifauna se, no contexto de um plano diretor nacional para a energia eólica (solução óptima) ou de planos regionais (sugestão da Convenção de Berna), for aplicada uma AAE. Na maioria dos casos, os EIA abrangem apenas os impactos diretos na avifauna e, normalmente, os impactos cumulativos são praticamente impossíveis de medir eficazmente. A AAE trata os impactos em maior escala, como os da biodiversidade e do aquecimento global, de forma mais eficaz do que os EIA individuais.

Do mesmo modo, de acordo com a teoria, uma AAE de boa qualidade facilita a identificação de opções de desenvolvimento e de propostas alternativas com vista a alcançar um desenvolvimento sustentável. Assim, dado que os planos regionais não são a solução ideal, a AAE pode ser um instrumento muito eficiente para uma identificação precoce de impactos desagradáveis na população de aves na Noruega, no contexto da recolha de dados de base de boa qualidade. A AAE inclui estudos de base, dado que uma AIA não é responsável pela previsão de todos os impactos, especialmente nos planos de crescimento da energia eólica na Noruega, em que os impactos nas aves se multiplicam em função da multiplicação de projectos de parques eólicos numa zona (efeitos cumulativos).

Pelo contrário, o Governo norueguês declarou, no relatório da Convenção de Berna, que a AAE não é necessária e que o processo de licenciamento é considerado mais adequado para avaliar os impactos cumulativos do que um plano nacional; no entanto, não apresentou quaisquer razões para esta decisão. A NVE e a Statkraft também recusaram a ideia de aplicar a AAE, tendo esta última manifestado a sua preocupação pelo facto de a AAE contribuir para a burocracia e o bloqueio do desenvolvimento da energia eólica norueguesa. Nesta altura, surgem os receios de bloqueio da implantação da energia eólica no país e estão implícitas razões financeiras na posição do Governo norueguês. A AAE é um procedimento bastante dispendioso, que requer tempo e recursos substanciais para identificar todos os potenciais impactos dos parques eólicos na avifauna. A preparação de uma AAE para a energia eólica permite identificar e atenuar muitos impactos negativos para as aves, contribuindo para uma recolha eficaz de dados de referência para os projectos de energia eólica actuais e futuros. Desta forma, as empresas poderão evitar estudos de base e monitorização ambiental exaustivos, sendo uma forma de acelerar a expansão da indústria norueguesa de energia eólica de uma forma eficaz.

No entanto, de acordo com o DN, o NINA realizará na primavera um estudo sobre se os planos regionais cumprem os requisitos de uma AAE. Este facto indica que a AAE é considerada como uma solução construtiva pelas autoridades ambientais e pelas ONG, como a NINA, a NOF e a Convenção de Berna. Além disso, o Dr. Bevanger refere que uma AAE para a energia eólica na Noruega será capaz de medir os impactos cumulativos dos parques eólicos, uma vez que as aves utilizam toda a área do Sul ao Norte da Noruega.

J DESENVOLVIMENTO DA ENERGIA EÓLICA OFFSHORE

As actuais orientações para o planeamento e a localização de centrais eólicas não são adequadas para o estabelecimento de centrais eólicas offshore nas águas territoriais norueguesas. É de prever que esta inadequação das orientações possa induzir complicações ainda mais desfavoráveis relacionadas com a minimização dos impactos negativos nas aves ao longo da costa da Noruega.

De facto, o MoE (Harald Noreik e Knut Gr0nntun, consultores seniores) salienta que seria desejável dispor de diretrizes para a exploração eólica offshore. A Noruega acaba de aprovar uma legislação sobre a produção de energia renovável offshore; segundo a DN, a NVE está a liderar (a DN está a participar) um processo de identificação de áreas marítimas adequadas para a energia eólica offshore. Quando estas áreas forem escolhidas para uma investigação mais aprofundada, o livro branco do governo menciona que será realizada uma AAE em 2011, o que é um passo bastante corajoso para o crescimento sustentável do sector norueguês da energia eólica. De facto, aplicar a AAE à energia eólica offshore não é um procedimento invulgar; a Irlanda do Norte implementou recentemente uma AAE para as mesmas necessidades energéticas (northernireland.gov.uk, 2009).

No âmbito de uma AAE, será possível monitorizar a forma como as aves marinhas utilizam o tempo e o espaço ao longo da costa norueguesa, minimizando assim os receios do NINA relativamente a esta questão. De acordo com o NOF, o parque eólico offshore de Havsul (o primeiro na Noruega a obter uma licença) irá afetar as falésias de aves em Runde, no Sul da Noruega, onde existe a maior colónia de aves marinhas do Sul da Noruega, com as aves marinhas a terem uma enorme área de alimentação no mar. O NINA também mencionou que a empresa Vestavind irá implementar um programa de monitorização durante os próximos 10-20 anos no parque eólico offshore Havsul I. Neste ponto, é de notar que surgem problemas semelhantes aos do caso Sm0la, quando se verifica uma combinação de dados de base deficientes e uma má localização dos parques eólicos. Como já foi referido anteriormente, as empresas não devem pagar por programas de monitorização em grande escala, mas as respectivas autoridades estatais devem ter recolhido dados de base suficientes, no contexto de um plano nacional ou regional que inclua uma AAE. As recusas de licenciamento dos parques eólicos offshore Havsul II (800 MW) e Havsul IV (350 MW) da NVE poderiam nem sequer ter ocorrido, se a AAE já tivesse sido implementada, para que as empresas pudessem escolher as localizações mais adequadas para os parques eólicos offshore, a fim de proteger a avifauna e expandir o crescimento da indústria norueguesa de energia eólica.

5.2. Comparação da legislação e dos processos de AIA relativos à avifauna entre a UE e a Noruega

Esta parte da análise centra-se na forma como a avifauna está integrada nos procedimentos de AIA de projectos de energia eólica na legislação da UE. Ao comparar os procedimentos supramencionados com os noruegueses, é possível obter uma melhor imagem no que diz respeito a um quadro legislativo eficiente capaz de minimizar os impactos negativos na população de aves no contexto europeu, bem como de promover o desenvolvimento sustentável. De facto, na primeira metade da análise, foi salientada a falta de dados de base de boa qualidade sobre a avifauna na Noruega. Por conseguinte, a comparação que se segue traz implicações úteis, que podem ser utilizadas para melhorar a proteção efectiva da avifauna na Noruega no que respeita ao crescimento da energia eólica.

A Noruega adoptou as Diretivas AIA e AAE da UE, sem aplicar a Diretiva AAE às centrais eólicas; e pode aceitar as Diretivas Aves e Habitats da UE, bem como aderir à rede Natura 2000. Pelo contrário, a Comissão Europeia está ciente de que existem riscos ambientais decorrentes da localização inadequada dos parques eólicos; bem como de que o desenvolvimento da energia eólica deve ser efectuado de forma drástica e equilibrada, não conduzindo a danos significativos em zonas sensíveis de conservação de aves e outras (Parlamento Europeu, 2009). Com base no exposto, os países da UE implementaram as Diretivas AIA, AAE e Aves e Habitats, que contribuem para a rede ecológica Natura 2000, sendo um sistema transfronteiriço de intercâmbio de informações, especialmente sobre populações de aves.

J TIPOS NATURAIS DE HABITATS NA NORUEGA E NA UE

De acordo com a legislação norueguesa em matéria de AIA, os parques naturais, as zonas protegidas, as reservas naturais, as zonas naturais sem intervenção (INON), os habitats ameaçados, as espécies ameaçadas e prioritárias, bem como como os seus habitats, têm de ser tidos em conta na realização de uma AIA. No que diz respeito às zonas protegidas na Noruega, quase 15% da Noruega continental está protegida (2000 zonas), sendo uma grande parte constituída por zonas montanhosas (ver Anexo O). Uma série de outros tipos de habitats, como os habitats costeiros e marinhos, onde vive a maioria das aves, ainda não estão adequadamente representados (ver Anexo N), apesar de a Noruega ter a responsabilidade internacional de salvaguardar uma seleção representativa de fjordes e zonas costeiras de tipos que não se encontram em mais lado nenhum do mundo (Environment.no, 2009). É interessante sublinhar que nenhum dos parques nacionais noruegueses inclui os skerries ao largo da costa; assim como os fiordes estão muito pouco representados (Anexo P). Além disso, no que diz respeito às zonas INON (zonas naturais da Noruega sem grande intervenção industrial), de acordo com as estatísticas e as tendências do NOF, são negativas, com o sector da energia a encabeçar a lista destas zonas perdidas.

De acordo com o secretário executivo da NOF, a proteção das rochas e das renas nas montanhas e nas zonas florestais altas, bem como em Spitsbergen, e não nas zonas de planície de elevada produtividade, não é a melhor solução, principalmente devido ao receio do governo de ter custos políticos e de perder oportunidades de negócio prósperas ao longo da costa da Noruega.

Neste ponto, surge de novo uma questão política baseada no facto de vários interesses na Noruega entrarem em conflito sobre potenciais áreas de desenvolvimento na costa norueguesa; com a natureza e os seus representantes a serem menosprezados e menosprezados, em frente do crescimento do desenvolvimento humano e das necessidades sociais. É dificilmente aceitável para as sociedades que as áreas se tornem zonas naturais protegidas, em vez de serem objeto de muitos tipos de exploração financeira. Além disso, todos estes cem diferentes projectos de energia eólica planeados para serem instalados na Noruega necessitam de uma extensa rede de eletricidade para exportar energia eólica para a Europa, uma vez que esta é uma visão política a longo prazo para a segurança energética europeia do abastecimento de eletricidade. É necessário construir novos e extensos cabos e linhas, o que é um processo muito dispendioso, especialmente porque os habitantes locais que vivem nas proximidades das centrais eólicas não estão dispostos a desembolsar para o desenvolvimento desta infraestrutura. Por conseguinte, surgem vários obstáculos ao crescimento da indústria da energia eólica, que são mais críticos para a sociedade norueguesa do que o peso da avifauna. No entanto, se a Noruega não quiser renegar os seus compromissos de desenvolvimento sustentável, tem de encontrar o meio-termo e proteger as zonas de planície junto à sua costa, que são sítios naturais únicos e altamente valorizados a nível mundial.

A Lei da Conservação da Natureza refere que está prevista a designação de espécies prioritárias específicas e de tipos naturais de habitats. A designação de tipos de habitats selecionados e de espécies prioritárias é um novo instrumento para o desenvolvimento sustentável, tal como mencionado na Lei da Gestão Natural, que sublinha a problemática regulamentação ambiental norueguesa do passado nesta matéria. A necessidade de designar novas áreas de conservação com base em tipos de habitats selecionados na Noruega já tinha sido salientada na última Convenção de Berna, quando se tratou do conflito do parque eólico de Sm0la. Na mesma linha, o secretário executivo da NOF chamou a atenção para o facto de a Lei de Gestão da Natureza parecer bastante eficaz em muitos aspectos. No entanto, o facto de a referida lei ter sido alterada pela última vez em 2009, bem como o facto de a designação dos tipos de habitat e das espécies prioritárias estar prevista pela primeira vez na Noruega, abalam a confiança na sua eficácia.

Pelo contrário, ***a Diretiva Habitats da UE*** está relacionada com a conservação dos habitats naturais prioritários e das espécies prioritárias, que incluem as zonas especiais de conservação. Além disso, deve haver uma representação no território de cada país da UE de tipos de habitats naturais e habitats de espécies, um procedimento que começou com muito sucesso a partir de 1994, em comparação com a Lei de Gestão Norueguesa, que agora impõe uma designação semelhante. São também incluídos os tipos de habitats naturais prioritários e as espécies prioritárias, bem como uma proteção rigorosa no que se refere à destruição e perturbação dos locais de reprodução ou de repouso, especialmente durante os períodos de reprodução, criação, hibernação e migração. Todos os procedimentos acima referidos no âmbito da Diretiva Habitats incluem o intercâmbio de informações, bem como a investigação cooperativa transfronteiriça entre Estados-Membros, a fim de conservar os habitats naturais das espécies. Consequentemente, os conhecimentos estão a ser constantemente obtidos e transferidos entre os Estados-Membros da UE, ajudando os decisores com dados viáveis durante o planeamento dos parques eólicos, no que diz respeito às interações com as populações de aves.

S ***DESENVOLVIMENTO DE PARQUES EÓLICOS OFFSHORE E ZONAS MARINHAS PROTEGIDAS***

Além disso, a Lei de Gestão Natural refere que *os biótopos* e *as áreas marinhas protegidas* devem ser evitados quando se trata de desenvolvimentos industriais, incluindo centrais eólicas offshore. No entanto, apenas uma área de cerca de 2700 km^2 das águas marinhas da Noruega é atualmente designada como protegida, ao abrigo da Lei da Conservação da Natureza (Environment.no, 2009). Esta situação está em contradição com a Convenção para a Proteção das Zonas Húmidas, em que a Noruega, enquanto membro, deve assegurar que a função ecológica das zonas acompanha a aquisição dos melhores conhecimentos possíveis sobre os seus valores e limites de tolerância, com base numa forma sustentável. As aves marinhas (e as águias de cauda branca em particular) estão fortemente associadas aos habitats aquáticos para caçar e alimentar-se, o que as torna vulneráveis a quaisquer alterações nos sistemas aquáticos que possam ter um impacto na sua base de presas (Birdlife.org, 2002). Por esta razão, a DN declarou que a implementação dos planos de proteção do município para turfeiras, zonas húmidas, florestas caducifólias de folha larga, florestas caducifólias ricas e sítios costeiros importantes para aves marinhas estará concluída em 2010. Faltam planos para os pântanos e as zonas húmidas em Finnmark e para as localidades de aves marinhas em M0re og Romsdal, mas estes serão aprovados pelo Governo em 2010. Em 2009, foi lançado um plano de proteção marinha e estão em curso trabalhos para 17 áreas/localidades na primeira fase, que consiste em 36 áreas. Como já foi referido, estes planos são bastante recentes e estão agora a começar a ser implementados, especialmente quando a UE aplica a AAE aos planos de energia eólica offshore no contexto da rede ecológica Natura 2000, como descrito mais adiante em . Por conseguinte, são poucos os que se encontram numa posição segura e precisa para exprimir a sua satisfação quanto à eficácia destes planos de proteção das aves marinhas. No entanto, estes planos de proteção marinha são absolutamente um passo positivo na direção certa, que é o desenvolvimento sustentável e a conservação da avifauna na Noruega, especialmente no que diz respeito à expansão da energia eólica offshore na costa norueguesa.

REDES ECOLÓGICAS S NA TURA 2000 E ESMERALDA

Na mesma linha, a Noruega também assinou a Convenção de Berna para animais e aves vulneráveis, a fim de os proteger e aos seus habitats. No entanto, a Diretiva Aves da UE centra-se exclusivamente nas aves e não em todos os animais em geral, sendo mais precisa e organizada em relação aos habitats das aves. Como se pode observar, a Noruega está isolada de uma grande rede europeia de aves como é ***a Natura 2000***, que é um sistema ecológico único de monitorização de aves. A Natura 2000 contém dados disponíveis sem fronteiras nacionais no território da União Europeia, com exceção da Noruega; não obstante o facto de o país ser uma importante área de interligação das aves com o resto da Europa.

A Natura 2000 é uma rede representativa de todos os tipos de natureza no território europeu; uma rede que não existia na Noruega, e que só agora começará a existir uma rede semelhante, de acordo com os novos regulamentos da Lei de Gestão da Natureza. Por esta razão, a NOF apoia a implementação pela Noruega das Diretivas Aves e Habitats, bem como a adesão à rede Natura 2000. Do mesmo modo, a DN reconhece que a ***rede*** Natura 2000 é um mecanismo eficiente em termos de monitorização dos habitats para as aves; e que a Noruega está a tentar desenvolver a ***rede Emerald*** como um instrumento igualmente bom e ao mesmo nível que a Natura 2000. Embora se reconheça que a rede Emerald não funciona no território europeu de forma tão eficiente como a própria rede Natura 2000, estas duas redes estão interligadas, sendo a última uma parte da primeira. De facto, a Natura 2000 tem os seus próprios procedimentos e funções que afectam todos os Estados-Membros da UE, embora estas duas redes se baseiem nos mesmos princípios, comuniquem e, teoricamente, troquem informações.

Do mesmo modo, a Noruega, ao participar na rede Emerald (como parte contratante da Convenção de Berna), está empenhada na conservação da fauna e da flora; quando a Diretiva Aves da UE se refere especificamente às aves, os seus regulamentos são implementados na rede Natura 2000. No âmbito da Convenção de Berna, as espécies vulneráveis são protegidas ao abrigo de um quadro geral que não é tão meticuloso na proteção das espécies e habitats prioritários das aves como o existente na rede Natura 2000. Além disso, muitos países europeus não membros da UE, como a Albânia, a Croácia e a Sérvia, que pertencem à rede Esmeralda, estão a preparar-se para o trabalho futuro na rede Natura 2000 e para o cumprimento antecipado das Diretivas Habitats e Aves (Conselho da Europa, 2010). Este facto apoia a posição de que a Natura 2000 é uma rede ecológica de elevados padrões, protegendo eficazmente a avifauna europeia.

A propósito dos esforços da Noruega para elevar a rede Esmeralda a níveis de qualidade mais elevados, o Ministério da Educação nomeou onze zonas norueguesas para a rede Esmeralda em 2007. O oximoro neste caso é o facto de todas estas áreas consistirem em parques nacionais, reservas naturais e áreas protegidas; que estão localizadas em áreas não categorizadas por tipo de natureza, como faz a Natura 2000 (Dirnat, 2007). Como já foi salientado, a costa da Noruega e outras zonas de planície são as zonas mais importantes para as aves, que ainda não estão incluídas na Rede Esmeralda.

S LISTA VERMELHA DA NORUEGA E AVES MIGRATÓRIAS

Além disso, ***as orientações para o planeamento e a localização de centrais eólicas,*** à exceção da menção de zonas húmidas e sítios de estatuto internacional (em conformidade com a Convenção de Ramsar e de Berna, que devem ser evitados), salientam também a necessidade de evitar habitats de espécies incluídas na Lista Vermelha norueguesa e na Convenção de Bona, bem como a consideração das rotas migratórias das aves (outono/primavera).

No que se refere à ***lista vermelha norueguesa***, esta engloba 68 espécies de aves desde 2006 (uma nova lista será publicada em 2010) (Environment.no, 2008). De acordo com o Secretário Executivo da NOF, esta lista não é adequada, devido ao facto de não ser dada a importância necessária às aves migratórias da Convenção de Bona, mas apenas às aves vulneráveis ameaçadas de extinção, às rotas migratórias das aves e à forma de as evitar aquando do planeamento e da localização dos parques eólicos. No entanto, estas orientações não são obrigatórias, o que pode levar as empresas a não estarem dispostas a pagar e a recolher todos os dados de base relevantes e, por fim, a menosprezá-los num EIA, com base no facto de as rotas migratórias das aves serem insuficientes na Noruega.

Os compromissos internacionais da Noruega no âmbito da Convenção de Bona apoiam definitivamente a proteção das espécies e populações migratórias norueguesas que atravessam regularmente as fronteiras nacionais. No entanto, a Convenção de Bona envolve apenas aves migratórias ameaçadas e a proteção dos seus habitats, sem incluir as rotas migratórias a estudar, ao passo que a Diretiva Aves da UE envolve todas as aves migratórias. De facto, a Convenção de Bona está em estreito contacto com a legislação e as diretivas da UE, como foi salientado na teoria, ao instar todos os países participantes a incluírem nos EIA e nas AAE os impactos transfronteiriços sobre as espécies migratórias e os impactos sobre os padrões e as áreas de distribuição dos impedimentos migratórios. Por conseguinte, estes dois quadros relacionados com as aves completam-se mutuamente, especialmente quando aplicados em países que adoptaram diretivas da UE. Além disso, como foi mencionado no Capítulo 3.3 sobre a avifauna e a AIA, foram publicadas diretrizes para a incorporação da biodiversidade nos procedimentos de AIA e AAE, no contexto da Convenção sobre a Diversidade Biológica. Assim, após os factos supramencionados, o quadro legislativo da UE relativo à proteção da avifauna parece ser mais coerente e flexível em comparação com o respetivo quadro norueguês.

Na rede Natura 2000, cada sítio proposto para uma lista nacional é avaliado com base no seu valor relativo e na sua importância enquanto rota migratória ou sítio transfronteiriço. Na mesma altura, a UE ratificou, no contexto da rede Natura 2000, o Acordo sobre as Aves Aquáticas da África e da Eurásia (AEWA), relativo à colaboração internacional para a proteção das aves migratórias nas suas rotas migratórias.

Além disso, os países da UE têm de conceber *zonas de proteção especial (ZPE)* ao abrigo da ***Diretiva Aves da UE,*** a fim de proteger as aves raras ou vulneráveis na Europa, bem como todas as aves migratórias que são visitantes regulares. As espécies migratórias que ocorrem regularmente também são tidas em conta no que respeita às suas zonas de reprodução e de invernada, aos pontos de paragem ao longo das suas rotas de migração, bem como à perturbação das aves mencionadas, especialmente durante o período de reprodução e de criação. Como se observa, muitas funções diferentes de diferentes tipos de aves devem ser estudadas (artigo 10.º) e tidas em consideração.

De acordo com o estudo de investigação científica baseado em 15 Estados-Membros da UE, mencionado no capítulo 3.5 sobre a legislação da UE relativa aos parques eólicos e à avifauna, é demonstrado que as espécies de aves enumeradas no Anexo I da Diretiva Aves em Zonas de Proteção Especial (ZPE) apresentam um melhor desempenho, com tendências positivas em termos de reprodução e população na UE, do que noutros países europeus. Este facto vem ainda provar que as aves estão muito bem protegidas ao abrigo da legislação e das diretivas da UE.

No que diz respeito à Noruega, as rotas migratórias nem sequer são incluídas nos EIA noruegueses como obrigatórias, o que sublinha a importância da lacuna da legislação norueguesa em matéria de cobertura das questões migratórias.

J ZONAS IMPORTANTES PARA AS AVES (IBAS)

No que respeita às zonas ornitológicas, a Noruega dispõe de um conhecimento importante sobre esta matéria através das 52 denominadas ***Zonas Importantes para as Aves (IBAS),*** desenvolvidas pela BirdLife Norway. Muitas das Zonas Importantes para as Aves norueguesas são colónias de aves marinhas que, de acordo com o Apêndice R, estão localizadas ao longo de toda a costa da Noruega. Este facto vem aumentar a cautela, no que diz respeito às rotas migratórias das aves na Noruega e à interação das aves com as turbinas eólicas, que estão planeadas para serem instaladas ao longo da costa norueguesa. A intenção do programa IBAS é fornecer uma visão geral dos sítios de aves com grande necessidade de gestão e conservação, constituindo um importante trabalho de referência para os decisores no âmbito da gestão da natureza a vários níveis, regional, nacional e internacional (birdlife.no, 2010). Existe uma sobreposição considerável entre os critérios que a UE utiliza para identificar as suas zonas de conservação de aves mais importantes e os critérios IBAS na Noruega.

No entanto, o oximoro é que na legislação norueguesa para o desenvolvimento da energia eólica não é exigido nem mencionado que o IBAS tenha de ser utilizado ou abordado quando se trata do planeamento de parques eólicos. A NVE respondeu que os IBAS apresentados pela BirdLife fazem parte das informações relevantes para uma AIA; no entanto, o investigador não conseguiu confirmar esta informação em lado nenhum do quadro legislativo norueguês relevante para o desenvolvimento da energia eólica, no contexto das AIA.

Pelo contrário, a União Europeia tem utilizado amplamente o IBAS como ponto de referência para a designação de sítios Natura 2000, ao abrigo da Diretiva Aves da UE (birdlife.org, 2010). A BirdLife International tem monitorizado, informado e apoiado o desenvolvimento e a implementação das Diretivas Aves e Habitats; desde a década de 1980 para a Diretiva Aves, e a década de 1990 para a Diretiva Habitats (birdlife.org, 2010). Assim, neste ponto pode-se observar como a Natura 2000 engloba toda a informação da Birdlife International sobre o IBAS, como parte integrante da sua rede; em contraste com o peso que a legislação norueguesa dá às mesmas áreas.

No mesmo comprimento de onda, a BirdLife International fornece dados relevantes e fiáveis, conhecimentos especializados e posições políticas aos decisores europeus e nacionais no contexto da implementação da Diretiva Aves e da rede Natura 2000. Ao mesmo tempo, a BirdLife International é membro do Fórum Europeu dos Habitats (EHF), partilhando experiências sobre aves e trabalhando em conjunto para o desenvolvimento e a boa aplicação das Diretivas Aves e Habitats (birdlife.org, 2010). Tudo isto indica que a UE utiliza da forma mais eficiente todos os dados disponíveis sobre a avifauna através das Diretivas Natura 2000 e Aves e Habitats, especialmente quando estes dados de referência têm de ser utilizados para projectos de energia eólica no contexto de uma AIA ou AAE.

J LEGISLAÇÃO COMUNITÁRIA/NORUEGUESA RELATIVA AOS PLANOS DIRECTORES DOS PARQUES EÓLICOS E À AVIFAUNA

Em última análise, as diretrizes norueguesas mencionam que as rotas migratórias devem ser tidas em consideração na escolha de um local para parques eólicos, apesar de os estudos sobre a migração das aves na Noruega não serem suficientes, de acordo com a DN, como sublinhado na primeira parte da análise. Por outro lado, a rede Natura 2000 contém informações viáveis sobre as rotas migratórias das aves com base em estudos constantes na maior parte do território europeu transfronteiriço (ver Anexo Q), tal como estabelecido nas Diretivas Aves e Habitats. Através do intercâmbio de informações sobre as rotas migratórias e outras funções das aves, como a reprodução, a reprodução em voo, a subida em voo, etc., os Estados-Membros da UE têm o privilégio de obter conhecimentos existentes e novos sobre a avifauna, ao mesmo tempo que implementam planos diretores de energia eólica.

A Noruega aplica a ***Diretiva AIA da UE*** a fim de identificar e atenuar os impactos diretos, indirectos e cumulativos que possam resultar de uma combinação dos impactos do projeto eólico. No entanto, tal como se salienta na primeira parte da análise, a falta de dados de base e de metodologia para a identificação e atenuação dos impactos acima referidos suscita dúvidas quanto à eficácia da legislação norueguesa, mesmo que a Noruega cumpra a referida diretiva.

A regulamentação norueguesa em matéria de AIA não é específica na descrição da recolha de dados de base e da aquisição de novas informações relacionadas com os impactos de um projeto de energia eólica no ambiente. Pelo contrário, os estudos ininterruptos no âmbito da rede Natura 2000, tal como utilizados para a recolha de dados de base sobre a avifauna no contexto da AIA, fazem uma enorme diferença neste ponto, em comparação com os procedimentos noruegueses de recolha de dados de base. A rede Natura 2000 também contribui para uma melhor identificação dos impactos cumulativos dos parques eólicos na avifauna, em contraste com a legislação norueguesa, que apenas refere que os impactos cumulativos têm de ser tidos em conta, sem clarificar qualquer metodologia relevante. A NVE e a DN estão a trabalhar num projeto para este fim, com problemas que ainda subsistem até à sua plena implementação; simultaneamente, a Natura 2000 e **a Diretiva AAE da UE** contribuem, no máximo, para medir os impactos cumulativos dos parques eólicos.

De facto, a UE recolhe dados de referência para planos de energia eólica que possam ter possíveis impactos em áreas, especialmente pertencentes à rede Natura 2000, através da aplicação da ***Diretiva AAE da UE***. É da maior importância sublinhar a relação entre a Diretiva AAE e a rede Natura 2000, que se verifica através da referência às Diretivas Habitats e Aves na definição do âmbito de aplicação da Diretiva AAE, bem como através do artigo 11.º da Diretiva AAE, em que os procedimentos coordenados ou conjuntos devem incluir a Diretiva Habitats. Pelo contrário, os planos regionais facultativos para o desenvolvimento da energia eólica referidos na legislação norueguesa não incluem a AAE, exceto no caso do crescimento da energia eólica offshore ao longo da costa da Noruega, que incluirá uma AAE pela primeira vez em 2011.

Concluindo, a UE incorpora a rede Natura 2000, a AAE, a AIA e as Diretivas Aves e Habitats como um mecanismo integrado, especialmente quando se trata da avifauna e do crescimento da energia eólica. Infelizmente, este mecanismo ecológico proactivo e organizado em termos de atenuação dos impactos negativos na avifauna europeia não existe na Noruega, embora o país tenha legitimidade para o adotar, o que seria uma decisão sensata para um crescimento mais sustentável da energia eólica.

6. Conclusão

É da maior importância que a Noruega melhore o seu atual quadro legislativo para a conservação das aves no contexto do desenvolvimento da energia eólica, de modo a que a expansão da energia eólica no país ocorra de forma sustentável.

A solução ideal seria a aplicação da AAE no contexto de um plano diretor nacional para o desenvolvimento de energia eólica em terra e no mar, com base numa cartografia exaustiva das densidades de aves norueguesas, relacionada com as rotas migratórias e as zonas de reprodução e alimentação. Além disso, a adoção das diretivas comunitárias SEA, Aves e Habitats e a afiliação à rede Natura 2000 seria um ato muito benéfico, no sentido de um quadro legislativo mais ecológico. ***A Noruega tem poucos conhecimentos sobre a avifauna, em comparação com a UE, que engloba a rede ecológica Natura 2000, especialmente no que respeita ao desenvolvimento de parques eólicos offshore.*** No entanto, o cumprimento das diretivas da UE implica um elevado custo político para o governo norueguês.

No que respeita ao quadro concetual da sustentabilidade no contexto dos EIA, ***o princípio dos esforços conjuntos*** baseado na participação das partes interessadas é teoricamente cumprido, apesar das queixas da NOF sobre o processo de licenciamento e o peso dos EIA na decisão final de licenciamento. O processo de participação é considerado democrático, apesar de a NOF ter manifestado a sua frustração por não ter sido totalmente tida em conta. Por conseguinte, sugere-se que o papel da DN seja reforçado durante o processo de licenciamento do parque eólico, estando ainda em discussão a questão da participação na tomada de decisões.

O princípio do poluidor-pagador é respeitado, no que diz respeito às medidas de correção e atenuação impostas pela Lei de Gestão da Natureza. Este princípio pode ser visto aplicado pela Statkraft, que apoia financeiramente o programa ***'BrrdWind'***, sobre a monitorização dos impactos da central eólica em Sm0la, bem como pela empresa Vestavind, no projeto de energia eólica offshore Havslul I.

No entanto, ***o princípio da precaução*** e o ***princípio da integração*** não são plenamente respeitados quando se trata de identificar e atenuar os impactos cumulativos, indirectos e a longo prazo nas populações de aves na Noruega no que respeita à energia eólica. Apesar de a Lei de Gestão da Natureza mencionar que as decisões sem conhecimentos adequados devem ser prioritárias enquanto existirem incertezas quanto ao resultado da atividade humana, os projectos de energia eólica são licenciados sem um quadro legislativo completo sobre estudos de referência relativos à avifauna na Noruega. Os estudos de base devem apoiar o princípio da precaução, e a inadequação destes dados conduz à ineficácia da aplicação deste princípio no contexto dos EIA relativos aos parques eólicos.

O caso do parque eólico Sm0la mostrou que a falta de dados de base de elevada qualidade relativos

à avifauna pressiona as empresas de energia eólica a efectuarem levantamentos de base extensivos e dispendiosos, no contexto de um EIA. Trata-se de um procedimento moroso no seu esforço para evitar colisões de aves ou outras complicações profundas relacionadas com a baixa produtividade reprodutiva e os movimentos das densidades de aves fora dos locais dos parques eólicos, causando perda de biodiversidade. Do mesmo modo, os planos de crescimento dos parques eólicos marítimos devem basear-se em dados de base suficientes sobre as aves, tendo em consideração a investigação na ilha de Sm0la, no contexto de uma AAE.

Se a Noruega levar a sério o facto de que o crescimento da energia eólica norueguesa deve ser promovido para satisfazer as necessidades de segurança energética da Europa, todas as questões ambientais relevantes e as avaliações de impacto têm de receber a importância que merecem a longo prazo. O objetivo de 3TWh de capacidade de energia eólica em 2010 deve cumprir mais requisitos de sustentabilidade em relação à avifauna. ***De facto, a legislação norueguesa relativa à avifauna deveria seguir mais claramente todas as orientações de sustentabilidade impostas pela Noruega, no que diz respeito à energia eólica.*** O objetivo de 30 TWh para a produção de energias renováveis e a eficiência energética em 2016 (em comparação com 2001) tem de ser cumprido com êxito. Por conseguinte, a AAE para o desenvolvimento da energia eólica offshore é um ato na direção certa para alcançar o desenvolvimento sustentável e atenuar os impactos cumulativos dos parques eólicos ao longo da costa norueguesa, onde existe a maior capacidade de recursos eólicos.

Por outro lado, se olharmos para o quadro geral e tivermos uma visão holística, a humanidade está a viver muito para além dos limites ambientais do mundo. A energia eólica combate as alterações climáticas e fornece eletricidade a preços acessíveis e padrões de vida mais elevados. SEA, um plano diretor nacional e uma rede nacional para a energia eólica podem ser proibitivamente caros, demorados e de elevado custo político, afectando a vida dos eleitores noruegueses. Por conseguinte, a sua realização pode dificultar e, eventualmente, fazer recuar o desenvolvimento de parques eólicos na Noruega.

No entanto, a Noruega, como país eficiente e altamente desenvolvido, poderia reduzir as barreiras burocráticas relacionadas com a implementação de um plano diretor nacional e de uma AAE. Da mesma forma que implementa objectivos eficientes para a produção de energia eólica, a Noruega também poderia planear levar a sério os efeitos ambientais dos planos de energia eólica, cumprindo todos os seus compromissos de sustentabilidade em relação à avifauna.

6.1. Sugestões para investigação futura

A questão política de como se pode alcançar um equilíbrio efetivo entre o desenvolvimento da energia eólica offshore na Noruega e a avifauna não foi discutida com suficiente profundidade nesta tese de mestrado, no que diz respeito aos EIA e às AAE. *De facto, a questão de saber que autoridade seria mais eficiente na concessão de licenças para parques eólicos poderia, portanto, ser abordada em futuras investigações.*

Um tópico interessante e controverso que também poderia ser discutido mais a nível académico está relacionado com a gestão costeira, especialmente para o desenvolvimento da energia eólica offshore. A coexistência da AAE e da Gestão Integrada da Zona Costeira (GIZC) para a promoção do desenvolvimento costeiro sustentável na Noruega coloca no mapa muitos interesses diferentes e contraditórios. A aplicação de uma política discreta em relação à GIZC é um objetivo importante para a UE, estabelecendo um quadro de obrigações para a melhoria da exploração dos recursos naturais (e da energia eólica offshore, neste caso). A costa norueguesa é única, com o sector das pescas, o turismo, a indústria do petróleo e do gás, bem como as energias renováveis, a terem interesses diferentes na zona. Por conseguinte, o custo político de qualquer governo norueguês é extremamente elevado, com os interesses da natureza a serem sempre secundários e subvalorizados, e o ambiente natural a ficar numa situação difícil. Uma tese de mestrado *sobre a conservação da diversidade biológica da costa norueguesa no que diz respeito à energia eólica offshore*; **ou** *sobre o grau de implementação da AAE e da GIZC para promover o desenvolvimento sustentável das zonas costeiras na Noruega;* **ou** *sobre uma comparação dos processos GIZC da UE e da Noruega no domínio da energia eólica*; em paralelo com todos os grupos de interesse relevantes e a sua pressão política sobre o governo norueguês, seria, obviamente, bastante intrigante.

7. Lista de referências

Aaker A David; V. Kumar; George Day, (2001). Marketing Research. Capítulo 4: Conceção e implementação da investigação. Conceção e implementação da investigação de marketing. "A utilidade de um projeto de investigação depende da qualidade global da conceção da investigação e dos dados recolhidos e analisados com base na conceção". John Wiley & Sons, Inc., (2001). Pages: 71-89.

Abcbirds.org, 2007. American Bird Conservancy. Mortality Threats to Birds - Wind Turbines (Ameaças de mortalidade para aves - turbinas eólicas). Descarregado a 13 de fevereiro de 2010 de http://www.abcbirds.org/conservationissues/threats/energyproduction/wind.html

AEWA, 2010. Acordo sobre Aves Aquáticas Migradoras da África-Eurásia. Introdução. Descarregado a 1 de março de 2010 de http://www.unep-aewa.org/about/introduction.htm

Alshuwaikhat, H.M. (2005). Strategic environmental assessment can help solve environmental impact assessment failures in developing countries. Environmental Impact Assessment Review 25. Páginas 307-317.

Anónimo (2006). Birds and wind farm development (Aves e desenvolvimento de parques eólicos). Southern Bird 28: Páginas 5-6.

Barker A e Wood C (1999). An evaluation of EIA system performance in eight EU countries (Uma avaliação do desempenho do sistema de AIA em oito países da UE). Elsevier Science Inc. Environmental Impact Assessment Review 19, Páginas 387-404.

Becker, E.; Jahn, T. (1999). Sustainability and the Social Sciences. A CrossDisciplinary Approach to integrating environmental considerations into theoretical reorientation. UNESCO, ISOE e Zed Books, Paris.

Belle Van, J., J. Shamoun-Baranes, et al. (2007). "Um modelo operacional que prevê as intensidades da migração de aves no outono para a segurança de voo". Journal of Applied Ecology 44(4): 864-874. Ir para ISI: //000247667100016.

Bell, S.; Morse, S. (2003). Measuring Sustainability. Learning from Doing. Earthscan Publications, Londres.

Benson J. F. (2003) "What is the Alternative? Impact Assessment Tools and Sustainable Planning". Impact Assessment and Project Appraisal, Volume 21, número 4, dezembro de 2003.

Comité Permanente da Convenção de Berna, 23-26 de novembro de 2009. Convenção sobre a Conservação da Vida Selvagem e dos Habitats Naturais da Europa. Relatório do Governo, página 7.

Comité Permanente da Convenção de Berna, 23-26 de novembro de 2009. Convenção sobre a Conservação da Vida Selvagem e dos Habitats Naturais da Europa. Relatório do Governo, página 4.

Convenção de Berna, 26 de novembro de 2009. Recomendação n.º 144 (2009) do Comité Permanente, examinada em 26 de novembro de 2009, sobre o parque eólico em Sm0la (Noruega) e outros desenvolvimentos de parques eólicos na Noruega.

Bj0rke, Ben-Frode (2009). Tese de mestrado, Energia Eólica Norueguesa: Custos de produção nivelados e paridade de rede. Página 1.

Bird-habitats, 25 de setembro de 2009. Rosemary Drisdelle, Wind Turbines and Bird Fatalities. Are Windmills Killing Too Many Birds? Descarregado a 21 de fevereiro de 2010 de http://bird-habitats.suite101.com/article.cfm/wind_turbines_and_bird_fatalities

Birdlife.org, 2010. BirdLife International. A legislação da UE em matéria de natureza: um quadro de classe mundial para a ação em prol da biodiversidade. Descarregado a 14 de fevereiro de 2010 de http://www.birdlife.org/eu/EU_policy/Birds_Habitats_Directives/index.html

Birdlife.org, 2010. BirdLife International. Apêndice R: Zonas importantes para as aves (IBAS) na Noruega. Descarregado 19 de fevereiro 2010 de http://www.birdlife.no/fuglekunnskap/bilder/iba_norge.jpg

Birdlife.org, 2-5 de dezembro de 2002. Convenção de Berna sobre a conservação da vida selvagem e dos habitats naturais da Europa. Plano de ação para a conservação da águia-pesqueira-de-bico-branco (Haliaeetus albicilla). Descarregado 12 de março de http://www.birdlife.org/action/science/species/species_action_plans/europe/White- tailed_Eagle.pdf

Birdlife.no, 2010. Sociedade Ornitológica Norueguesa. Zonas importantes para as aves. Viktige fugleområder (em norueguês). Descarregado a 14 de janeiro de 2010 de http://www.birdlife.no/fuglekunnskap/omraader.php

Birdlife.no, 2010. Sociedade Ornitológica Norueguesa. Convenções internacionais (em norueguês). Descarregado 10 de janeiro 2010 de http://www.birdlife.no/internasjonalt/lover.php

Birdlife.no, 30 de setembro de 2009. Avaliação no local, Parques eólicos no arquipélago de Sm0la (Noruega). Documento apresentado na Convenção sobre a Conservação da Vida Selvagem e dos Habitats Naturais da Europa, Berna, 23-26 de novembro de 2009. Descarregado em 10 de dezembro de 2009 de http://www.birdlife.no/organisasjonen/pdf/200910_smola_vindpark_rapport.pdf

Birdwind, 2009. "Pre- and post-construction studies of conflicts between birds and wind turbines in coastal Norway" (Bird Wind). Bevanger, K., Berntsen, F.E., Clausen, S., Dahl, E.L., Flagstad, 0., Follestad, A., Halley, D., Hanssen, F., Hoel, P.L., Johnsen, L., Kval0y, P., May, R., Nygârd, T., Pedersen, H.C., Reitan, O., Steinheim, Y. & Vang, R.. Relatório de Progresso 2009. Descarregado a 16 de janeiro de 2010 de http://www.nina.no/archive/nina/PppBasePdf/rapport/2009/505.pdf

Birdwind, 2009. "Pre- and post-construction studies of conflicts between birds and wind turbines in coastal Norway" (Bird Wind). Bevanger, K., Berntsen, F.E., Clausen, S., Dahl, E.L., Flagstad, 0., Follestad, A., Halley, D., Hanssen, F., Hoel, P.L., Johnsen, L., Kval0y, P., May, R., Nygârd, T., Pedersen, H.C., Reitan, O., Steinheim,

Y. & Vang, R.. Apêndice L: Todas as posições GPS de águias de cauda branca de todos os anos 2003-2009 (n = 25 machos e 20 fêmeas). A seta indica o local de marcação (Sm0la). Descarregado em 16 de janeiro de 2010 de http://www.nina.no/archive/nina/PppBasePdf/rapport/2009/505.pdf

Birdwind, 1 de janeiro de 2008. "Estudos pré e pós-construção de conflitos entre aves e turbinas eólicas na Noruega costeira" (Bird Wind). Bevanger, K., Berntsen, F.E., Clausen, S., Dahl, E.L., Flagstad, 0., Follestad, A., Halley, D., Hanssen, F., Hoel, P.L., Johnsen, L., Kval0y, P., May, R., Nygârd, T., Pedersen, H.C., Reitan, O., Steinheim, Y. & Vang, R.. Status report. Descarregado a 11 de janeiro de 2010 de http://www.nina.no/archive/nina/PppBasePdf/rapport/2008/355.pdf

Bosshard, A. (1997). O que significa objetividade para a análise, avaliação e implementação no planeamento da paisagem agrícola? Uma abordagem prática e epistemológica na procura da sustentabilidade na "agricultura". Agricultura, Ecossistemas e Ambiente. Páginas: 133-143.

Canwea.ca, agosto de 2006. Associação Canadiana de Energia Eólica. Impresso no Canadá. Wildlife, Birds, bats and wind energy (Vida selvagem, aves, morcegos e energia eólica). Descarregado a 12 de janeiro de 2010 de http://www.canwea.ca/images/uploads/File/NRCan_-_Fact_Sheets/6_wildlife.pdf

Cashmore, M. (2004). O papel da ciência na avaliação do impacto ambiental: Processo e Procedimento versus Objetivo no Desenvolvimento da Teoria. Environmental Impact Assessment Review, 24 (4): 403-426.

Cashmore, M.; Gwilliam, R.; Morgan, R.; Cobb, D.; Bond, A. (2004). The Interminable Issue of Effectiveness: Substantive Purposes, Outcomes and Research Challenges in the Advancement of EIA Theory. Impact Assessment and Project Appraisal, no prelo.

Cbd.int, 8 de novembro de 2009. A convenção sobre a diversidade biológica. Texto da Convenção sobre a Diversidade Biológica. Descarregado em 14 de janeiro de http://www.cbd.int/convention/convention.shtml

Cbd.int, 9-20 de fevereiro de 2004. A convenção sobre a diversidade biológica. Sétima reunião da Conferência das Partes na Convenção sobre a Diversidade Biológica, Kuala Lumpur, Malásia. Decisão VI/7 da COP 6 Identificação, controlo, indicadores e avaliações. Descarregado 27 de fevereiro 2010 de http://www.cbd.int/decision/cop/?id=7181

CEC 5 de julho de 1985. Diretiva do Conselho relativa à avaliação dos efeitos de determinados projectos públicos e privados no ambiente. Jornal Oficial da União Europeia, Bruxelas, Bélgica.

CEC (1997). Diretiva 97/11/CE do Conselho, 3 de março de 1997, que altera a Diretiva 85/337/CEE relativa à avaliação dos efeitos de determinados projectos públicos e privados no ambiente. Jornal Oficial da União Europeia, Bruxelas, Bélgica.

CEC (2003). Diretiva 2003/35/CE do Conselho, de 26 de maio de 2003. que prevê a participação do público na elaboração de certos planos e programas relativos ao ambiente e que altera, no que diz respeito à participação do público e ao acesso à justiça, as Diretivas 85/335/CEE e 96/61/CE do Conselho Jornal Oficial da União Europeia, 26 de maio de 2003, Bruxelas, Bélgica.

Chadwick, A. (2002). Impactos socioeconómicos: Are They Still the Poor Relations in UK Environmental Statements? Journal of Environmental Planning and Management, 45 (1) páginas 3-24.

Chevalier. J. (2001). Stakeholder Analysis and Natural Resource Management. Universidade de Carleton, Ottawa. Descarregado a 17 de abril de 2010 de http://http-server.carleton.ca/~jchevali/STAKEH2.html

CIDA, 2004. Agência Canadiana para o Desenvolvimento Internacional. Resumo das Políticas e Procedimentos de Avaliação Ambiental para as Actividades de Assistência ao Desenvolvimento - Noruega. Descarregado em 11 de janeiro de 2010 de http://www.acdi-cida.gc.ca/INET/IMAGES.NSF/vLUImages/ea%20summaries/$file/Nor.pdf

CMS, 2004. Convenção sobre Espécies Migratórias (CMS). Anexo II - Espécies migratórias conservadas através de Acordos. Descarregado a 22 de fevereiro de 2010 de http://www.cms.int/documents/appendix/cms_app1_2.htm#appendix_II

CMS, janeiro de 2010. Convenção sobre Espécies Migratórias (CMS). Lista dos Estados da área de distribuição das espécies migratórias incluídas nos anexos da CMS. Descarregado a 22 de fevereiro de 2010 de http://www.cms.int/pdf/en/CMS_Range_States_by_Species.pdf

CMS, (2004). Convenção sobre Espécies Migratórias (CMS). Texto da Convenção. Descarregado 21 janeiro de 2010 de http://www.cms.int/documents/convtxt/cms_convtxt.htm

CMS, Bona, 18-24 de setembro de 2002. Convenção sobre Espécies Migratórias (CMS). Sétima reunião, COP 7, Resolução 7.2. Avaliação do impacto e espécies migratórias. Em conformidade com o nº 4, alínea b), do artigo III.

Conselho da Europa, 2010. A Rede Esmeralda: Apresentação. Descarregado em 19 de março de 2010 de

http://www.coe.int/t/dg4/cultureheritage/nature/econetworks/presentation_EN.asp

Conselho da Europa, 2010. Convenção sobre a Conservação da Vida Selvagem e dos Habitats Naturais da Europa, Berna, 19.IX.1979. Descarregado em 23 de janeiro de 2010 de http://conventions.coe.int/treaty/en/Treaties/Html/104.htm

Cooper, L.M.; Sheate, W.R. (2002). Avaliação dos efeitos cumulativos: A review of UK Environmental Impact Statements. Environmental Impact Assessment Review, 22 (4): 415-439.

Creswell, J. W. & Miller, D. L. (2000). Determining validity in qualitative inquiry. Theory into Practice, 39(3). Páginas 124-131.

Dalal-Clayton B. e Sadler B. (2005). Strategic environmental assessment: a sourcebook and reference guide to international experience, Earthscan/Londres.

Delpeuch Bertrand (DG XI), 2010. Comissão Europeia, Natura 2000 e agricultura. Descarregado 28 de fevereiro 2010 de

http://ec.europa.eu/agriculture/envir/report/en/n2000_en/report_en.htm

Denzin, N. K. (1978). O ato de investigação: Uma introdução teórica aos métodos sociológicos. Nova Iorque: McGraw-Hill.

Dirnat, janeiro de 2007. Direção de Gestão da Natureza. A Emerald Network é uma rede de zonas importantes para a biodiversidade na Europa, ao abrigo da Convenção de Berna.Emerald Network er et nettverk av viktige områder for biologisk mangfold i Europa, under Bernkonvensjonen (em norueguês). Descarregado a 1 de março de 2010 de http://www.dirnat.no/content.ap?thisId=481

Dirnat, janeiro de 2007. Direção de Gestão da Natureza. Um ponto positivo para o ganso-anão. Apêndice Q: Monitorização por satélite de três gansos. Mapa: Sociedade Ornitológica Norueguesa. Satelittovervåkning av tre dverggjess har bidratt til å avdekke trekkrutene arten bruker (em norueguês). Descarregado a 2 de março de 2010 de http://www.dirnat.no/content.ap?thisId=500031853

DIT, março de 2004. Department for Trade & Industry e Marine Consents and Environment Unit,

Reino Unido. Guidance Notes Offshore Wind Farm Consents Process (Notas de orientação sobre o processo de autorização de parques eólicos marítimos).

Drewitt, A.L.; Langston, R.H.W. (2006). Assessing the impacts of wind farms on birds (Avaliação dos impactos dos parques eólicos nas aves). Ibis 148 (Suppl. 1) páginas 29-42.

Easterby-Smith M., Thorpe R., Jackson P.R., (2008). Management Research Third Edition. Capítulo 4, a filosofia da Investigação em Gestão. Two Contrasting Traditions: Positivismo versus Construcionismo Social. SAGE publications Ltd. Páginas 58-59.

Ec.europa.eu., 2010. EUROPA, Comissão Europeia, Ambiente, Avaliação de Impacto Ambiental . Descarregado 1 de março 2010 de

http://ec.europa.eu/environment/eia/eia-legalcontext.htm

Ec.europa.eu, 2008. EUROPA, Comissão Europeia, Avaliação Ambiental Estratégica. Contexto jurídico. Descarregado a 1 de março de 2010 de http://ec.europa.eu/environment/eia/sea-legalcontext.htm

Ec.europa.eu, 2003. EUROPA, Comissão Europeia, Avaliação Ambiental Estratégica. Proposta alterada de diretiva do Conselho relativa à avaliação dos efeitos de determinados planos e programas no ambiente COM (96) 511 + COM (99) 73. Descarregado a 1 de março de 2010 de http://ec.europa.eu/environment/eia/pdf/96511- 9973.pdf

Ec.europa.eu, 10 de dezembro de 2002. Avaliação Ambiental Estratégica da UE. Projeto IMPEL: Implementing Article 10 of the SEA Directive 2001/42/EC Final Report. Descarregado 27 de fevereiro 2010 de

http://ec.europa.eu/environment/eia/pdf/impel_final_report.pdf

Ec.europa.eu, 27 de junho de 2001. EUROPA, Comissão Europeia, Avaliação Ambiental Estratégica. Diretiva 2001/42/CE do Parlamento Europeu e do Conselho, de 27 de junho de 2001, relativa à avaliação dos efeitos de determinados planos e programas no ambiente Jornal Oficial L 197 de 21/07/2001 P. 0030 - 0037. Descarregado 1 de março 2010 de http://eur-

lex.europa.eu/LexUriServ/LexUriServ.do?uri=CELEX:32001L0042:EN:HTML

Ec.europa.eu., 2001. EUROPA, Comissão Europeia, Ambiente, Avaliação do Impacto Ambiental. Lista de controlo da análise da AIA. Descarregado em 1 de março de 2010 de http://ec.europa.eu/environment/eia/eia-guidelines/g-review-full-text.pdf

Ec.europa.eu., 2001. EUROPA, Comissão Europeia, Ambiente, Avaliação do Impacto Ambiental. Orientações sobre a delimitação do âmbito da AIA. Descarregado em 1 de março de 2010 de http://ec.europa.eu/environment/eia/eia-guidelines/scoping_checklist.pdf

Ec.europa.eu., maio de 1999. EUROPA, Comissão Europeia, Ambiente, Avaliação do Impacto Ambiental. Orientações para a avaliação dos impactos indirectos e cumulativos, bem como das interações entre impactos. Figura 4: Impactos indirectos, impactos cumulativos e sua interação. Descarregado em 1 de março de 2010 de http://ec.europa.eu/environment/eia/eia-studies-and-reports/guidel.pdf

Eia.unu.edu, 2010. Módulo do curso de avaliação do impacto ambiental. 7-2 Principais Elementos de Mitigação. Figura 3: Os elementos de mitigação. Descarregado a 21 de janeiro de 2010 de http://eia.unu.edu/course/?page_id=118

Eia.unu.edu, 2010. Módulo do curso de avaliação do impacto ambiental. 8-1 O que é um relatório de AIA ? Descarregado 23 de janeiro 2010 de http://eia.unu.edu/course/?page_id=113

Eia.unu.edu, 2010. Módulo do curso de avaliação do impacto ambiental. 7-1 Ligação entre o processo de AIA e a atenuação. Descarregado a 21 de janeiro de 2010 de http://eia.unu.edu/course/?page_id=117

Eia.unu.edu, 2010. Módulo do curso de avaliação do impacto ambiental. 6-3 Análise/Previsão de Impacto. Figura 2: Um impacto ambiental. Descarregado em 21 de janeiro de 2010 de http://eia.unu.edu/course/?page_id=136

Eia.unu.edu, 2010. Módulo do curso de avaliação do impacto ambiental. 6-3 Análise/Previsão de Impacto. Descarregado 21 de janeiro 2010 de http://eia.unu.edu/course/?page_id=123

Eia.unu.edu, 2010. Módulo do curso de avaliação do impacto ambiental. 5-2 Objetivo da delimitação do âmbito. Descarregado em 21 de janeiro de 2010 de http://eia.unu.edu/course/?page_id=140

Eia.unu.edu, 2010. Módulo do curso de avaliação do impacto ambiental. 4.2 Procedimento de rastreio. Descarregado 21 de janeiro 2010 de http://eia.unu.edu/course/?page_id=136

Environment.no, 2010. Estado do Ambiente na Noruega. Direcções do Ambiente na Noruega. Acordos. Descarregado a 12 de fevereiro de 2010 de http://www.environment.no/Topics/International/Agreements/

Environment.no, 2010. Estado do Ambiente da Noruega. Mapas e dados/Mapa interativo. Animais e plantas. Ilha Sm0la. Descarregado a 3 de fevereiro de 2010 de http://www.environment.no/en/Maps-

and-data/Interactive-map/?expandedgroups=2&visiblelayers=5

Environment.no, 2010. Estado do Ambiente da Noruega. Mapa das áreas protegidas na Noruega. Anexo P: Localização das áreas protegidas na Noruega Descarregado a 3 de fevereiro 2010 de http://www.environment.no/Topics/Biological-diversidade/áreas protegidas/mapa das áreas protegidas na Noruega/

Environment.no, 2009. Estado do Ambiente da Noruega. Áreas Protegidas. Apêndice O: Áreas protegidas na Noruega. Descarregado a 3 de fevereiro de 2010 de http://www.environment.no/Topics/Biological-diversity/Protected-areas/#EFirefoxHTML\Shell\Open\Command

Environment.no, 2009. Estado do Ambiente da Noruega. Áreas Protegidas na Noruega. Descarregado a 3 de fevereiro de 2010 de http://www.environment.no/Topics/Biological- diversity/Protected-areas/#EFirefoxHTML\Shell\Open\Command

Environment.no, 2008. Estado do Ambiente da Noruega. Threatened species. Descarregado a 3 de fevereiro de 2010 de http://www.environment.no/Topics/Biological- diversity/Threatened-species/

Epa.ie, 2003. Preparado para a Agência de Proteção do Ambiente pela ERM Environmental Resources Management Ireland Limited. Relatório de síntese sobre o desenvolvimento de metodologias de avaliação ambiental estratégica (AAE) para planos e programas na Irlanda (2001-DS-EEP-2/5). Descarregado a 21 de fevereiro de 2010 de http://www.epa.ie/downloads/advice/ea/EPA_development_methodology_SEA_synthesis_report.pdf

ESCAP, 30 de outubro de 2003. Comissão Económica e Social para a Ásia e o Pacífico (ESCAP). Princípios e processo de avaliação do impacto ambiental. Descarregado em 21 de janeiro de 2010 de http://www.unescap.org/drpad/vc/orientation/M8_1.htm

ESCAP, 30 de outubro de 2003. Comissão Económica e Social para a Ásia e o Pacífico (ESCAP). Seleção de projectos. Descarregado em 21 de janeiro de 2010 de http://www.unescap.org/drpad/vc/orientation/M8_14.htm

ESCAP, 30 de outubro de 2003. Comissão Económica e Social para a Ásia e o Pacífico (ESCAP). Recolha de dados de base. Descarregado em 21 de janeiro de 2010 de http://www.unescap.org/drpad/vc/orientation/M8_3.htm

Europa.eu, 26/02/2010. Comissão Europeia, Natureza e Biodiversidade, Barómetro Natura 2000.

Apêndice G: Zonas de Proteção Especial (ZPE) e

Apêndice H: Sítios de importância comunitária (SIC). Descarregado a 2 de março de 2010 de http://ec.europa.eu/environment/nature/natura2000/barometer/index_en.htm

Europa.eu, 10/02/2010. Comissão Europeia, Ambiente, Alterações Climáticas. Descarregado 9 fevereiro 2010 de http://ec.europa.eu/environment/climat/home_en.htm

Comissão Europeia DG ENV, abril de 2009. Estudo relativo ao relatório sobre a aplicação e a eficácia da Diretiva AAE (2001/42/CE). Relatório final. Página 108. Descarregado 27 de fevereiro 2010 de http://ec.europa.eu/environment/eia/pdf/study0309.pdf

Comissão Europeia, novembro de 2004. Porque é que precisamos de cuidar das nossas aves? Descarregado 1 março 2010 de http://ec.europa.eu/environment/nature/legislation/birdsdirective/docs/why_take_care _de_aves.pdf

Parlamento Europeu, 17 de setembro de 2009. Debates, Pergunta n.º 32, de Cristina Gutiérrez Cortines (H-0297/09). Assunto: Impacto dos parques eólicos na biodiversidade, na paisagem e no ambiente local. Descarregado em 19 de janeiro de http://www.europarl.europa.eu/sides/getDoc.do?pubRef=-//EP//TEXT+CRE+20090917+ANN-01+DOC+XML+V0//EN&query=QUESTION&detail=H-2009-0297

Eur-lex.europa.eu., 25 de junho de 2009. Diretiva AIA consolidada. Diretiva do Conselho, de 27 de junho de 1985, relativa à avaliação dos efeitos de determinados projectos públicos e privados no ambiente, alterada por M1, M2, M3. Descarregado em 1 de março de 2010 de http://eur-lex.europa.eu/LexUriServ/LexUriServ.do?uri=CONSLEG:1985L0337:20090625:EN: PDF

Eur-lex.europa.eu, 2009. Jornal Oficial da União Europeia. Diretiva 2009/147/CE do Parlamento Europeu e do Conselho, de 30 de novembro de 2009, relativa à conservação das aves selvagens (versão codificada). Descarregado a 2 de março de 2010 de http://eur-lex.europa.eu/LexUriServ/LexUriServ.do?uri=OJ:L:2010:020:0007:0025:EN:PDF

Eur-lex.europa.eu, 1 de janeiro de 2007. Diretiva 92/43/CEE do Conselho, de 21 de maio de 1992, relativa à preservação dos habitats naturais e da fauna e da flora selvagens (JO L 206 de 22.7.1992, p. 7). Última alteração M3 Diretiva 2006/105/CE do Conselho, de 20 de novembro de 2006.

Descarregada 1 de março 2010 de http://eur-lex.europa.eu/LexUriServ/LexUriServ.do?uri=CONSLEG:1992L0043:20070101:EN: PDF

EWEA, 2010. Associação Europeia da Energia Eólica, no ano passado foi instalada na UE mais capacidade de energia eólica do que qualquer outra tecnologia eléctrica. Apêndice A descarregado 8 de fevereiro 2010 de http://www.ewea.org/index.php?id=60&no_cache=1&tx_ttnews[tt_news]=1792&tx_ttnews[backPid]=1&cHash=7f871ffd27

EWEA, 2010. Potência eólica instalada na Europa no final de 2009, cumulativa. Apêndice B descarregado 8 fevereiro 2010 de http://www.ewea.org/fileadmin/ewea_documents/documents/statistics/general_stats_2 009.pdf

FAO, 2010. A Organização das Nações Unidas para a Alimentação e a Agricultura. Avaliação do impacto ambiental de projectos de irrigação e drenagem. Capítulo 3: Processo de AIA. Descarregado 27 de janeiro 2010 de http://www.fao.org/docrep/V8350E/v8350e06.htm#scoping

GAO, Gabinete de Prestação de Contas do Governo dos Estados Unidos, setembro de 2005. Report to Congressional Requesters wind power impacts on wildlife and government responsibilities for regulating development and protecting wildlife. Descarregado a 21 de fevereiro de 2010 de http://www.gao.gov/new.items/d05906.pdf

Glasson, J., Therivel, R., Chadwick, A. (1999). Introdução à Avaliação do Impacto Ambiental. Segunda edição. UCL Press, Londres.

Gummesson, E. (2000). Qualitative Methods in Management Research, 2ª ed., Sage Publications. Página 85.

Historic Scotland, janeiro de 2007. Agência executiva do Governo escocês. Environmental impact assessment, scoping of wind farm proposals assessment of impact on the setting of the historic environment resource some general considerations [Avaliação do impacto ambiental, delimitação do âmbito das propostas de parques eólicos - avaliação do impacto na configuração do recurso do ambiente histórico - algumas considerações gerais]. Descarregado em 23 de janeiro de 2010 de www.historic- scotland.gov.uk/eia_and_gdpo_scoping_setting.pdf

HRMAS, 26 de agosto de 1998. Grounded theory e análise de dados qualitativos. Descarregado 20 fevereiro 2010 de http://www.fmhs.auckland.ac.nz/soph/centres/hrmas/_docs/Grounded_theory_and_qu

alitative_data_analysis.pdf

IAIA, julho de 2005. Associação Internacional para a Avaliação de Impactos. Biodiversity in impact assessment. Série de Publicações Especiais n.º 3. Descarregado a 13 de fevereiro de 2010 de http://www.iaia.org/publicdocuments/special-publications/SP3.pdf

IAIA, janeiro de 2002. Associação Internacional para a Avaliação de Impactos. Avaliação Ambiental Estratégica, Critérios de Desempenho. Descarregado a 19 de fevereiro de 2010 de http://www.iaia.org/publicdocuments/special-publications/sp1.pdf

Inpow.no, 2009. Parceiros noruegueses para as energias renováveis, Noruega, eólica. Descarregado a 12 de janeiro de 2010 de http://www.intpow.no/?categoryid=47

Iucnredlist.org, 2010. União Internacional para a Conservação da Natureza e dos Recursos Naturais, Lista vermelha das espécies ameaçadas, Haliaeetus albicilla / Águia de cauda branca. Descarregado 13 de janeiro 2010 de http://www.iucnredlist.org/apps/redlist/details/144340/0

Jacobsen D. I. 2000. Hvordan gjennomf0re unders0kelser? : innf0ring i Samfunnsvitenskapelig metode. H0yskoleforlaget (em norueguês).

Jackson. L.S. (2001), Contemporary Public Involvement: towards a strategic approach. Ambiente Local. Vol. 6. No. 2. Páginas 135-147

JNCC, 2010. Comité Conjunto de Conservação da Natureza (JNCC) Reino Unido. Sítios Protegidos, Zonas Especiais de Conservação (ZEC). Descarregado a 1 de março de 2010 de http://www.jncc.gov.uk/page-23

Ketzenberg, C.; Exo, K.-M.; Reichenbach, M.; Castor, M. 2002: Einfluss von windkraftanlagen auf brutende Wiesenvogel. Natur und Landschaft (em alemão) 77: Páginas 144-153.

Kingsley, A.; Whittam, B. (2005). Turbinas eólicas e aves. A background review for environmental assessment. Environment Canada, Canadian Wildlife Service, Quebec (não publicado). Página81.

Kirkpatrick, C. e Lee, N. (1997). Sustainable development in a developing world: integrating socio-economic appraisal and environmental assessment. Cheltenham: Edward Elgar.

Manuela de Lucas, Guyonne F.E. Janss , Miguel Ferrer 26 de outubro de 2004. Os efeitos de um parque eólico nas aves num ponto de migração: o Estreito de Gibraltar. Biomedical and Life Sciences, Springer Netherlands. Páginas 395-407.

Langston, R.H.W.; Pullan, J.D. (2003). Wind farms and birds: an analysis of the effects of wind farms on birds, and guidance on environmental assessment criteria and site selection issues. Relatório não publicado T-PVS/Inf (2003) 12, por Birdlife

Internacional para o Conselho da Europa, Convenção de Berna sobre a Conservação da Vida Selvagem e dos Habitats Naturais da Europa. RSPB/ Birdlife no Reino Unido. Página 58. Descarregado a 12 de fevereiro de 2010 de http://www.nowap.co.uk/docs/sc23_infl2e.pdf

Lovdata.no, 1 de julho de 2009. Ministério do Ambiente, LOV 2009-06-19 nr 100: Lei sobre a Gestão da Diversidade da Natureza (Lei da Biodiversidade) (em norueguês). Descarregado em 12 de janeiro de 2010 de http://www.lovdata.no/all/hl-20090619-100.html

Lovdata.no, 30 de junho de 2009. Ministério do Ambiente, FOR 2009-06-26 nr 855: Regulamentos relativos às avaliações de impacto (em norueguês). Descarregado em 6 de janeiro de 2010 de http://www.lovdata.no/cgi-wift/ldles?doc=/sf/sf/sf-20090626-0855.html

Lovdata.no, 2009. LOV 1985-06-14 nr 77: A Lei do Planeamento e da Construção (em norueguês). Descarregado a 11 de janeiro de 2010 de http://www.lovdata.no/all/hl- 19850614-077.htm

Madsen, J. (1995). Impactos das perturbações nas aves selvagens migratórias. Ibis (Suppl.) 137: Páginas 67-74.

Matsumoto Hideyuki, 2009. Sistemas de informação. Teoria fundamentada. Descarregado a 24 de fevereiro de 2010 de http://jpmats.com/Grounded_Theory_Process.aspx

Moffatt, I.; Hanley, N.; Wilson, M.D. (2001). Measuring and Modelling Sustainable Development (Medição e modelação do desenvolvimento sustentável). The Parthenon Publishing Group, Nova Iorque.

Murphy, E., Dingwall, R., Greatbatch, D., Parker, S. e Watson, P. (1998). Qualitative research methods in health technology assessment: A review of the literature. Health Technology Assessment. 2(16).

Nieslony, Cordula (2004), An evaluation of the effectiveness of the Environmental impact assessment in promoting sustainable development. Tese de Mestrado, Escola de Ciências Ambientais, Universidade de East Anglia. Página 14-18.

NINA, dezembro de 1999. Norsk institutt for naturforskning. Vindkraftverk pâ Sm0la: Mulige konsekvenser for "r0dlistede" fuglearter. Arne Follestad, Ole Reitan, Hans Christian Pedersen, Henrik Br0seth, Kjetil Bevanger (em norueguês). NINA Oppdragsmelding 623.

Nordicforestry.org, 2008. A silvicultura familiar nórdica. Florestas na Noruega. Apêndice N: Áreas protegidas ao abrigo da Lei da Conservação da Natureza de 2008. Descarregado a 16 de março de 2010 de http://www.nordicforestry.org/facts/Norway.asp

Northernireland.gov.uk, 14 de dezembro de 2009. Governo da Irlanda do Norte. Northern Ireland's offshore energy potential moves a step closer. Descarregado a 19 de março de 2010 de http://www.northernireland.gov.uk/news/news-deti/news-deti-december-2009/news-deti-141209-northern-irelands-offshore.htm

Novek, J. (1995). Avaliação do Impacto Ambiental e Desenvolvimento Sustentável: Case Studies of Environmental Conflict. Sociedade e Recursos Naturais, 8 (2): 145159.

Governo norueguês, 23-26 de novembro de 2009. Relatório do Governo, Parques Eólicos no Arquipélago de Sm0la (Noruega). Convenção de Berna, 29.ª Reunião (Apêndice J: Número de casais de águias de cauda branca activos em Sm0la de 1996-2008. Página 2).

NVE, 2 de julho de 2009. Direção Norueguesa de Recursos Hídricos e Energia, parques eólicos na Noruega. Leis e Regulamentos (em norueguês). Descarregado em 10 de janeiro de 2010 de http://www.nve.no/no/Konsesjoner/Vindkraft-2/Lover-og-regler

NVE, 7 de julho de 2009. Energia eólica offshore (em norueguês). Descarregado a 5 de janeiro de 2010 de http://nve.no/no/Konsesjoner/Vindkraft-2/Vindkraft/Offshore/

NVE, julho de 2009. Direção Norueguesa de Recursos Hídricos e Energia, parques eólicos na Noruega. Apêndice F descarregado a 10 de janeiro de 2010 de http://nve.no/Global/Konsesjoner/Vindkraft/Kart/Vindkraft%20i%20Norge%202009%20juli.pdf?epslanguage=no

NVE, 20 de maio de 2009. Direção Norueguesa de Recursos Hídricos e Energia, Produção norueguesa de energia eólica em 2008 (em norueguês). Descarregado em 12 de janeiro de 2009 de http://nve.no/no/Nyhetsarkiv-/Pressemeldinger/Norsk-vindkraftproduksjon-i-2008/

NVE, 17 de abril de 2009. Direção Norueguesa de Recursos Hídricos e Energia. Energia eólica, Coches e Relatórios, Revisões temáticas conflituosas (em norueguês). Descarregado em 15 de janeiro de 2010 de http://www.nve.no/no/Konsesjoner/Vindkraft- 2/Veiledere-og-rapporter/Tematisk-konfliktvurdering/

NVE, 22 de março de 2009. Direção Norueguesa de Recursos Hídricos e Energia, Energia Eólica, Apêndice D, descarregado em 10 de janeiro de 2010 de http://nve.no/PageFiles/5580/2-6.jpg?epslanguage=no

NVE, 22 de março de 2009. Direção Norueguesa de Recursos Hídricos e Energia, Energia Eólica, Apêndice E, capacidade instalada de energia eólica descarregada em 10 de janeiro de 2010 de http://nve.no/PageFiles/5580/2-7.jpg?epslanguage=no

NVE, 26 de fevereiro de 2009. Direção Norueguesa de Recursos Hídricos e Energia. Licenciamento, procedimentos de manuseamento. Descarregado em 17 de janeiro de 2010 de http://www.nve.no/en/Licensing/Handling-prosedures/

NVE, 16 de janeiro de 2009. Direção Norueguesa de Recursos Hídricos e Energia, informações gerais sobre energia eólica (em norueguês). Descarregado em 12 de janeiro de 2010 de http://nve.no/no/Konsesjoner/Vindkraft-2/Vindkraft/

NVE, 2007 Direção Norueguesa de Recursos Hídricos e Energia. Wind power plants, Guidelines for planning and locating of wind power plants. T-1458 / 2007 ISBN 97882-457-0406-8 ISBN 978-82-457-0406-8 (em norueguês). Descarregado em 14 de janeiro de 2010 de

http://www.nve.no/Global/Konsesjoner/Vindkraft/Rapporter%20og%20veiledere/Retningslinjer%20%28T-1458%29.pdf

NWCC, agosto de 2001. Documento de recurso do Comité Nacional de Coordenação Eólica (NWCC). Avian Collisions with Wind Turbines (Colisões de aves com turbinas eólicas): A Summary of Existing Studies and Comparisons to Other Sources of Avian Collision Mortality in the United States (Um resumo dos estudos existentes e comparações com outras fontes de mortalidade por colisão de aves nos Estados Unidos). Página 22. Descarregado em 23 de janeiro de 2010 de http://www.west- inc.com/reports/avian_collisions.pdf

ODA (Overseas Development Administration) (1995), Guidance note on how to do stakeholder analysis of aid projects and programs. ODA Londres, Reino Unido.

O'Riordan, T. (1993). The Politics of Sustainability. Sustainable Environmental Economics and Management. Belhaven Press, Londres. Páginas 37-70.

Partidario, M.R. (1999). Avaliação ambiental estratégica - princípios e potencial. Em Petts, J. (Ed) Handbook of EIA. Volume 1, EIA: Process, methods and potential, Blackwell Science/Oxford. Páginas 60-73.

Percival, S.M. 2000: Birds and wind turbines in Britain (Aves e turbinas eólicas na Grã-Bretanha). British Wildlife 12: Páginas 815.

Policansky David, 18 de outubro de 2007. Diretor de Projeto do NRC. Briefing para o grupo de trabalho eólico de Maryland. Os Impactos Ambientais dos Projectos de Energia Eólica.

Potschin, M.B.; Haines-Young, R.H. (2003). Melhorar a qualidade das avaliações ambientais utilizando o conceito de capital natural: um estudo de caso do sul da Alemanha. Landscape and Urban Planning, 63: 93-108.

Ralph G. Powlesland, janeiro de 2009. Impacts of wind farms on birds: a review Science for conservation 289. Publicado por Publishing Team Department of Conservation. Páginas 19-22.

Ramsar.org, 2010. Convenção sobre as Zonas Húmidas de Importância Internacional, especialmente como Habitat de Aves Aquáticas. Texto da Convenção sobre as Zonas Húmidas, com as alterações introduzidas em 1982 e 1987. Descarregado a 24 de janeiro de 2010 de http://www.ramsar.org/cda/en/ramsar-documents- texts-convention-on/main/ramsar/1-31-38%5E20671_4000_0__

Regjeringen.no, 2008. Ministério das Finanças, Estratégia da Noruega para o Desenvolvimento Sustentável. Publicado como parte do orçamento nacional de 2008. ISBN: 978-82-9109265-2, Número de publicação: R-0617 E. Descarregado em 14 de janeiro de 2010 de http://www.regjeringen.no/upload/FIN/rapporter/R-0617E.pdf

Regjeringen.no, 2008. Relatório n.º 37 (2008-2009) para o Storting, Integrado

Gestão do ambiente marinho do mar da Noruega. Descarregado em 17 de janeiro de 2009 de http://www.regjeringen.no/en/dep/md/documents-and- publications/government-propositions-and-reports-/Reports-to-the-Storting-white papers-2/2008-2009/report-no-37-2008-2009-to-the-storting/10/4.html?id=578005

Regjeringen.no, 2006. Arquivo de documentos, Relatório n.º 11 (2006-2007). Sobre o regime de apoio à produção de eletricidade a partir de fontes de energia renováveis (eletricidade renovável). Om st0tteordningen for elektrisitetsproduksjon fra fornybare energikilder (fornybar elektrisitet) (em norueguês). Descarregado em 10 de janeiro de 2010 de http://www.regjeringen.no/nb/dep/oed/dok/regpubl/stmeld/2006-2007/Stmeld-nr-11- 2006-2007-/1.html?id=440981

Regjeringen.no, 10 de março de 2005. Document Archive, Wind power development should be sustainable. Vindkraftutbygginga skal vere berekraftig (em norueguês). Descarregado de http://www.regjeringen.no/nb/dokumentarkiv/Regjeringen- Bondevik-II/md/Nyheter-og-

pressemeldinger/2005/vindkraftutbygginga_skal_vere_berekrafti.html?id=257895

Regjeringen.no, 1998. Petróleo e Energia, mensagens para o Relatório de Triagem n.º 29 (1998-99) sobre política energética (em norueguês). Descarregado a 10 de janeiro de 2010 de http://www.regjeringen.no/nb/dep/oed/dok/regpubl/stmeld/19981999/Stmeld-nr-29- 1998-99-.html?id=19228

Sociedade Real para a Proteção das Aves, março de 2007. RSPB Objection to Lewis Wind Power revised application for 181 turbines on the Lewis Peatlands Special Protection Area (SPA). Descarregado em 12 de janeiro de 2010 de http://www.rspb.org.uk/Images/lewis_tcm9-153628.pdf

Sadler, B.; Jacobs, P. (1990). Desenvolvimento sustentável e avaliação ambiental: Perspectivas de Planeamento para um Futuro Comum. Canadá

Conselho de Investigação em Avaliação Ambiental, Hull, Quebeque.

Sahealthinfo.org, 2009. 8. Questões éticas na investigação qualitativa. Descarregado a 24 de fevereiro de 2010 de http://www.sahealthinfo.org.za/ethics/ethicsqualitative.htm

Sanchez, A. 2006. Exemplos de investigação qualitativa. Descarregado a 22 de janeiro de 2010 de http://e-articles.info/e/a/title/EXAMPLES-OF-QUALITATIVE-RESEARCH/

Saunders, M. et al. (2000) Research Methods for Business Students, 2ª ed., Prentice Hall. Página 94.

Donald et al., 10 de agosto de 2007. Paul F. Donald, Fiona J. Sanderson, Ian J. Burfield, Stijn M. Bierman, Richard D. Gregory, Zoltan Waliczky, Science. International Conservation Policy Delivers Benefits for Birds in Europe". Descarregado a 1 de março de 2010 de http://www.sciencemag.org/cgi/content/full/317/5839/810

Sea-info.net, 12 de fevereiro de 2010. Serviço de informação sobre a avaliação ambiental estratégica. Sobre a AAE. Descarregado em 12 de fevereiro de 2010 de http://www.sea-info.net/content/overview.asp?pid=94

Snh.org.uk, 2010. Diretivas "Habitats" e "Aves" O que são as Diretivas "Habitats" e "Aves"? Descarregado 26 de fevereiro 2010 de http://www.snh.org.uk/about/directives/ab-dir01.asp

Sheate W. R., Dagg S., Richardson J., Aschemann R., Palerm J., Steen U. (2003). "Integrating the Environment into Strategic Decision Making: Conceptualising Policy SEA". European Environment 13, páginas 1-18.

Sime Daniela Rachael Fox, Stephen Baron, 19 de setembro de 2007. Conferência ECER 2008, From Teaching to Learning? Aspectos éticos da realização de investigação qualitativa com crianças migrantes. Descarregado a 20 de fevereiro de 2010 de http://www.eera- ecer.eu/ecer/ecer2008/from-teaching-to- learning/

Sintef.no, 8 de junho de 2006. Estudos pré e pós-construção dos conflitos entre aves e turbinas eólicas na Noruega costeira. Uma proposta de projeto para o "RENERGI", o Conselho de Investigação norueguês.

Social research methods.net, 20 de outubro de 2006. Positivismo e pós-positivismo. Descarregado 21 janeiro de 2010 de http://www.socialresearchmethods.net/kb/sampnon.php

Social research methods.net, 20 de outubro de 2006. Positivismo e pós-positivismo. Descarregado 22 janeiro de 2010 de http://www.socialresearchmethods.net/kb/positvsm.php

Social research methods.net, 20 de outubro de 2006. Dedução e Indução. Descarregado em 22 de janeiro de 2010 de http://www.socialresearchmethods.net/kb/dedind.php

Statkraft.com, 3 de junho de 2009. Statkraft, Secretariado da Convenção de Berna concentra-se no parque eólico de Sm0la eólica de Sm0la. Descarregado 12 de janeiro 2010 de

http://www.statkraft.com/presscentre/press-releases/bern-convention.aspx

Statkraft, setembro de 2008. Parque eólico de Sm0la. PowerPoint, Apresentação em inglês. Apêndice K: Colisão entre a águia de cauda branca e as turbinas eólicas. Encontrar sítios. Presentasjon Engelsk, Sm0la vindpark (em norueguês).

Statkraft, setembro de 2008. Parque eólico de Sm0la. PowerPoint, Apresentação em inglês. Apêndice M: Movimento da águia de cauda branca (Statkraft, 2008).

Teoh T. (2000). Stakeholder Management (Gestão das partes interessadas): A Pre-requisite for Successful Wind Farm Development. Universidade de Murdoch, Austrália Ocidental.

Theophilou Vassilia, agosto de 2007. Tese de Mestrado, Universidade de East Anglia: Eficácia da Avaliação Ambiental Estratégica: A aplicação da Diretiva 2001/42/CE aos programas dos Fundos Estruturais da UE para 2007-2013. Página 1.

Therivel R. (2004). Strategic Environmental Assessment in Action (Avaliação Ambiental Estratégica em Ação). Earthscan, Londres. Páginas 7-12.

Thérivel R. e Partidàrio M. R. (1996). The Practice of Strategic Environmental Assessment. Earthscan, Londres.

Thomson S. Bruce, 19 de setembro de 2004. Investigação qualitativa: Grounded Theory - Tamanho da amostra e validade. Departamento de Gestão. Descarregado em 18 de janeiro de 2010 de http://www.buseco.monash.edu.au/research/studentdocs/mgt.pdf

Unescap.org, 30 de outubro de 2003. Comissão Económica e Social para a Ásia e o Pacífico (ESCAP). Monitorização ambiental. Descarregado em 21 de janeiro de 2010 de http://www.unescap.org/drpad/vc/orientation/M8_8.htm

Unescap.org, 30 de outubro de 2003. Comissão Económica e Social para a Ásia e o Pacífico (ESCAP). Consulta Pública e Participação. Descarregado em 21 de janeiro de 2010 de http://www.unescap.org/drpad/vc/orientation/M8_7.htm

Unescap.org, 30 de outubro de 2003. Comissão Económica e Social para a Ásia e o Pacífico

(ESCAP). Definição do âmbito. Descarregado em 21 de janeiro de 2010 de http://www.unescap.org/drpad/vc/orientation/M8_15.htm

Unescap.org, 30 de outubro de 2003. Comissão Económica e Social para a Ásia e o Pacífico (ESCAP). Medidas de atenuação. Descarregado em 21 de janeiro de 2010 de http://www.unescap.org/drpad/vc/orientation/M8_12.htm

Unescap.org, 30 de outubro de 2003. Comissão Económica e Social para a Ásia e o Pacífico (ESCAP). Identificação dos Impactos Ambientais: Concepts and Methods. Descarregado 21 de janeiro 2010 de

http://www.unescap.org/drpad/vc/orientation/M8_4.htm

Unescap.org, 30 de outubro de 2003. Comissão Económica e Social para a Ásia e o Pacífico (ESCAP). Previsão do Impacto Comparação de Alternativas e Determinação da Significância. Descarregado 21 de janeiro 2010 de

http://www.unescap.org/drpad/vc/orientation/M8_5.htm

Conferência das Nações Unidas sobre o Ambiente e o Desenvolvimento (CNUAD) (1992).

Agenda 21: Programa de Ação para o Desenvolvimento Sustentável. UNCED, Nova Iorque.

Universidade de Abertay Dundee. 2010. Ferramenta de visualização de cidades sustentáveis. Figura 1. Descarregado a 29 de abril de 2010 de http://www.scityvt.co.uk/assets/cycle.jpg

Vindteknikk.no, 3 de novembro de 2009. Mapeamento dos recursos eólicos da Noruega. Norges vindressurser kartlagt (em norueguês). Apêndice C descarregado em 10 de janeiro de 2010 de http://www.vindteknikk.no/index.php?lesmer_id=4&nav=framside

Weller. T. (1998). Melhorar a aceitação da localização através da análise do envolvimento. In: Ratto. CF. e G. Solari. Wind energy and Landscape. Balkema. Roterdão, Países Baixos. Pages. 147-160.

WMBD, 2009. Dia Mundial das Aves Migratórias (WMBD). Tema do WMBD 2009: Barreiras à migração. Descarregado 18 fevereiro 2010 de

http://www.worldmigratorybirdday.org/2009/index.php?option=com_content&view=article&id=24&Itemid=6

Wilderdom.com, 5 de julho de 2006. Análise de Literatura Profissional Aula 6: Qualitativa

Investigação I. Descarregados 21 de janeiro 2010 de

http://wilderdom.com/OEcourses/PROFLIT/Class6Qualitative1.htm

Wood C (2003). Environmental Impact Assessment, Segunda Edição, Prentice Hall, Inglaterra. Uma revisão comparativa. Pages. 1-16, 357-370.

Documento final da Cimeira Mundial, Organização Mundial de Saúde, 15 de setembro de 2005. Sexagésima sessão. Pontos 48 e 121 da ordem de trabalhos provisória. Página 12. Descarregado em 12 de fevereiro de 2010 de http://www.who.int/hiv/universalaccess2010/worldsummit.pdf

Worldofwindenergy.com, 2010. Ecologia e poluição eólica. Emissões de CO2 e poluição. Descarregado 14 de janeiro 2010 de http://www.worldofwindenergy.com/vbnews.php?do=viewarticle&artid=35&title=wi nd-ecologia-e-poluição

WCED, Comissão Mundial para o Ambiente e o Desenvolvimento), 1987. Our Common Future, Oxford: Oxford University Press.

Yin, R. K. (2002) Case Study Research, Design and Methods, 3ª ed., Sage Publications, Newbury Park. Página 37.

8. Apêndices

Appendix A: Energia eólica instalada na Europa no final de 2009 (EWEA, 2010)

Appendix B: Energia eólica instalada na Europa no final de 2009 (cumulativa) (EWEA, 2010)

	Installed 2008	End 2008	Installed 2009	End 2009
EU Capacity (MW)				
Austria	14	995	0	995
Belgium	135	415	149	563
Bulgaria	63	120	57	177
Cyprus	0	0	0	0
Czech Republic	34	150	44	192
Denmark	60	3,163	334	3,465
Estonia	19	78	64	142
Finland	33	143	4	146
France	950	3,404	1,088	4,492
Germany	1665	23,903	1,917	25,777
Greece	114	985	102	1,087
Hungary	62	127	74	201
Ireland	232	1,027	233	1,260
Italy	1010	3,736	1,114	4,850
Latvia	0	27	2	28
Lithuania	3	54	37	91
Luxembourg	0	35	0	35
Malta	0	0	0	0
Netherlands	500	2,225	39	2,229
Poland	268	544	181	725
Portugal	712	2,862	673	3,535
Romania	3	11	3	14
Slovakia	0	3	0	3
Slovenia	0	0	0	0
Spain	1558	16,689	2,459	19,149
Sweden	262	1,048	512	1,560
United Kingdom	569	2,974	1,077	4,051
Total EU-27	**8,268**	**64,719**	**10,163**	**74,767**
Total EU-15	**7,815**	**63,604**	**9,702**	**73,194**
Total EU-12	**453**	**1,115**	**461**	**1,574**
Of which offshore and near shore	374	1,479	582	2,061

MALTA
0

CYPRUS
0

European Union: 74,767 MW
Candidate Countries: 829 MW
EFTA: 449 MW
Total Europe: 76,152 MW

	Installed 2008	End 2008	Installed 2009	End 2009
Candidate Countries (MW)				
Croatia	1	18	10	28
FYROM*	0	0	0	0
Turkey	311	458	343	801
Total	**312**	**476**	**353**	**829**
EFTA (MW)				
Iceland	0	0	0	0
Liechtenstein	0	0	0	0
Norway	103	429	2	431
Switzerland	2	14	4	18
Total	**105**	**443**	**6**	**449**
Other (MW)				
Faroe Islands	0	4	0	4
Ukraine	1	90	4	94
Russia	0	9	0	9
Total	**1**	**103**	**4**	**107**
Total Europe	**8,686**	**65,741**	**10,526**	**76,152**

*FYROM = Former Yugoslav Republic of Macedonia

Note: Due to previous-year adjustments, 114.77 MW of project de-commissioning, re-powering and rounding of figures, the total 2009 end-of-year cumulative capacity is not exactly equivalen to the sum of the 2008 end-of-year total plus the 2009 additions.

Apêndice C: Recursos de energia eólica na Noruega (vindteknikk.no, 2009)

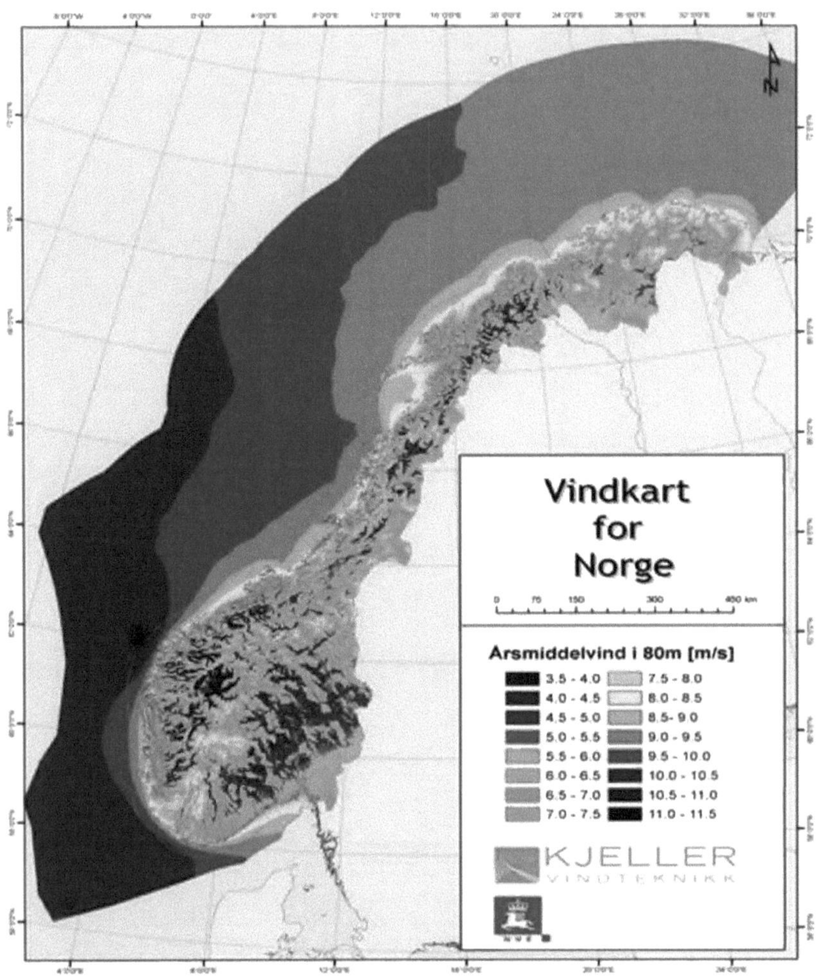

Appendix D: Produção anual de energia eólica (NVE, 2009)

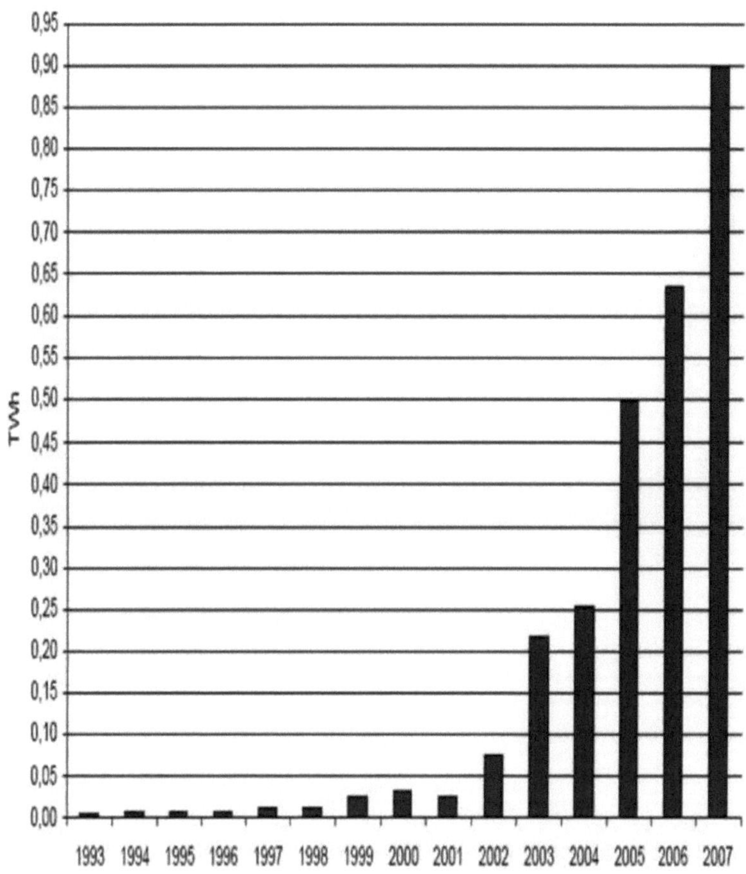

Appendix E: Capacidade instalada de energia eólica (NVE, 2009)

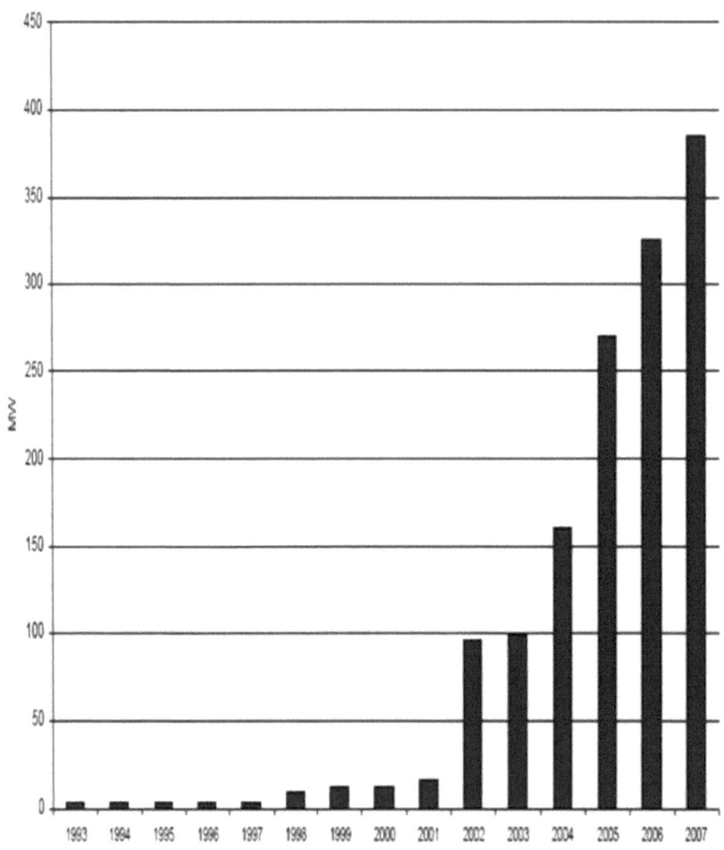

Appendix F: Parques eólicos planeados na Noruega (NVE, 2009)

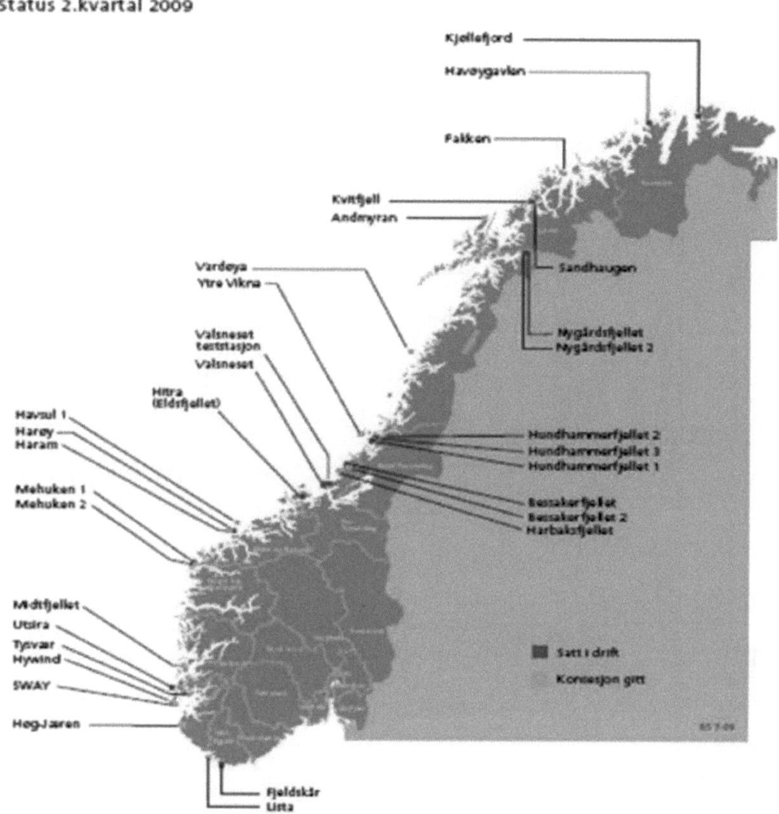

Apêndice G: Zonas Especialmente Protegidas (Europa.eu, 2010)

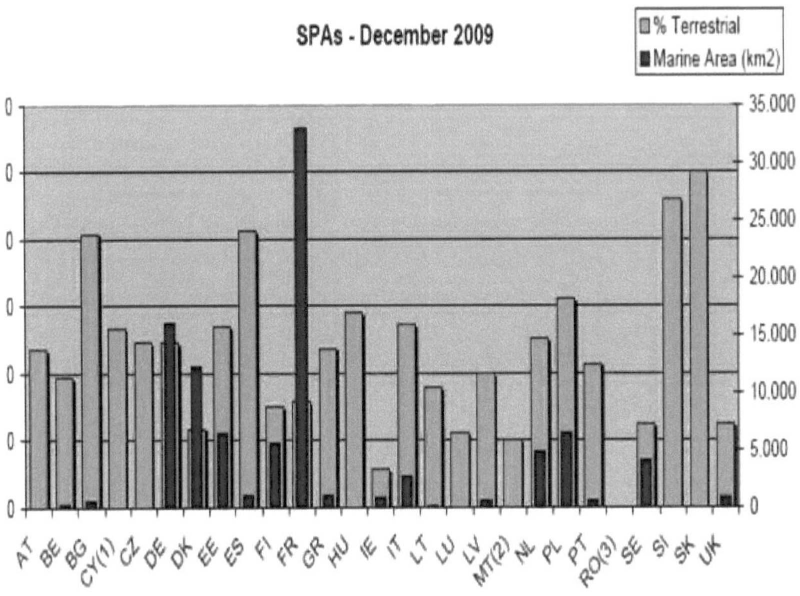

Apêndice H: Sítios de importância comunitária (Europa.eu, 2010)

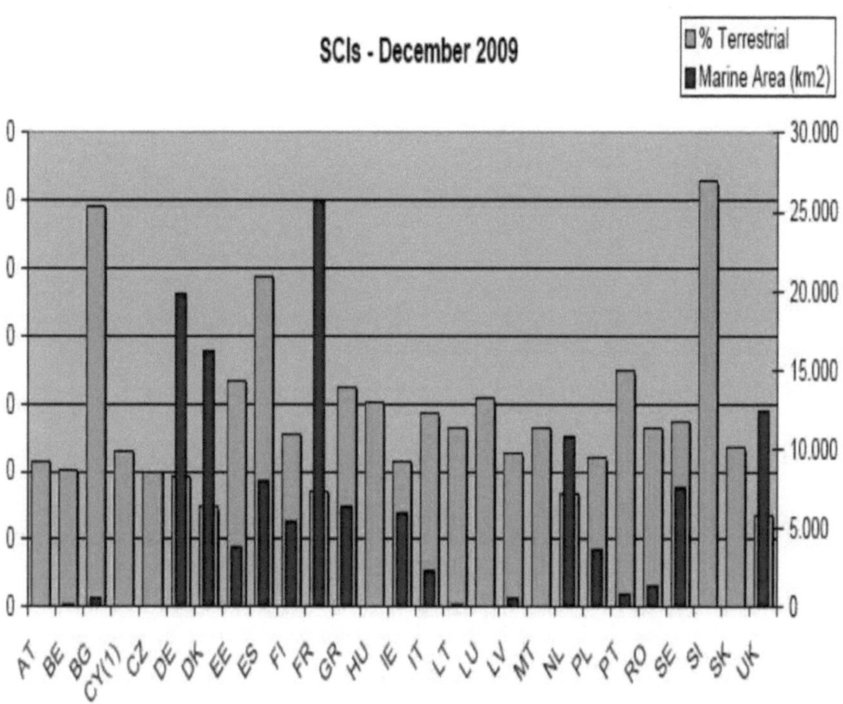

Apêndice I: Animais e plantas em Sm0la (Environment.™, 2010)

Animals and plants
Habitats
Species habitat: area
Seasonal movements
Species habitat: record

Apêndice J: Número de casais de águia-rabalva activos em Sm0la de 1996 a 2008 (Governo norueguês, 2009)

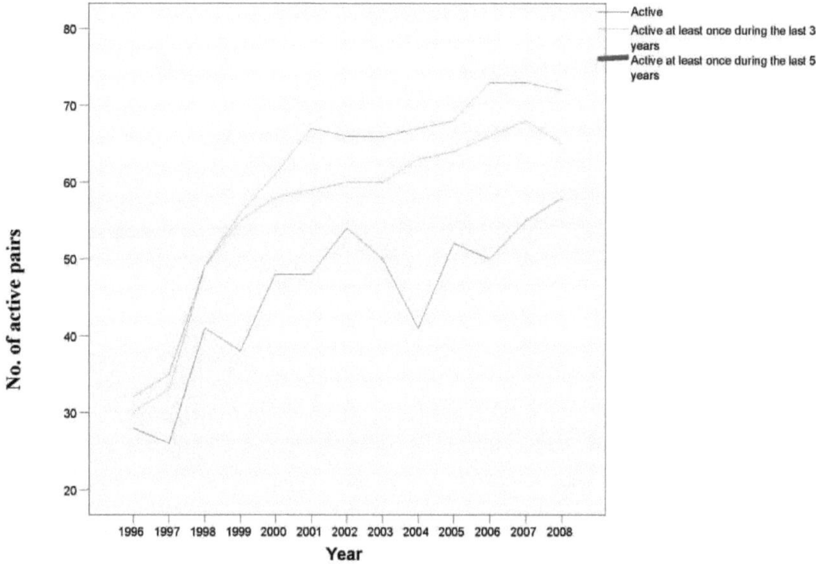

Apêndice K: Choques entre águias de cauda branca e turbinas eólicas. Encontrar pontos (Statkraft, 2008)

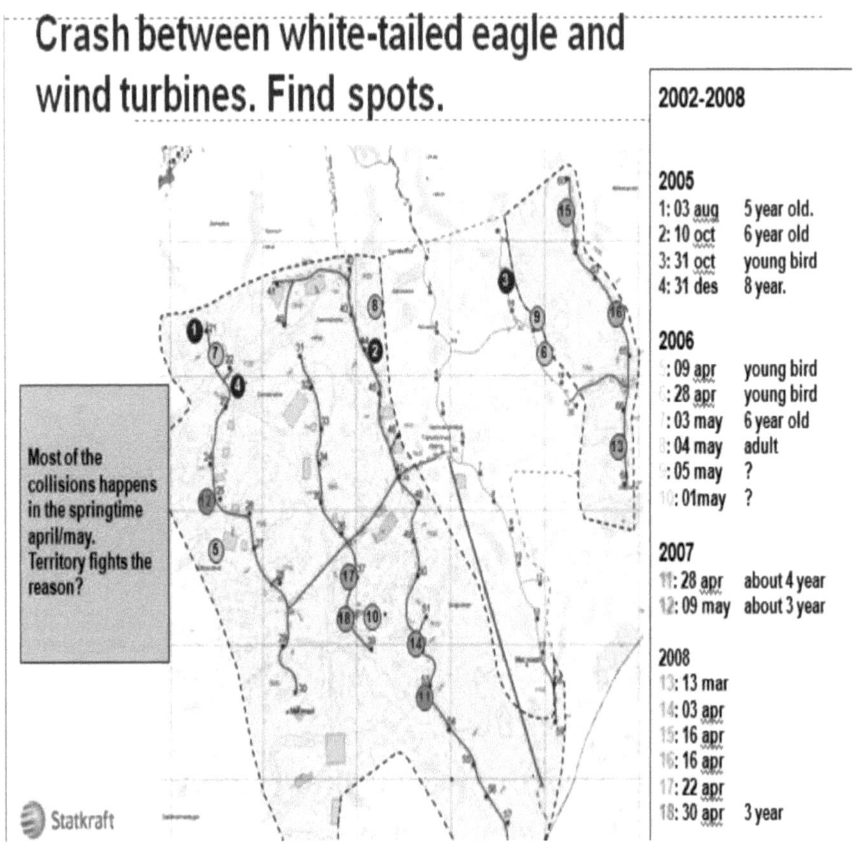

Apêndice L: Todas as posições GPS de águias de cauda branca de todos os anos 2003-2009 (n = 25 machos e 20 fêmeas). A seta indica o sítio de marcação (Sm0la) (Birdwind, 2009)

Apêndice M: Movimentos da águia de cauda branca (Statkraft, 2008)

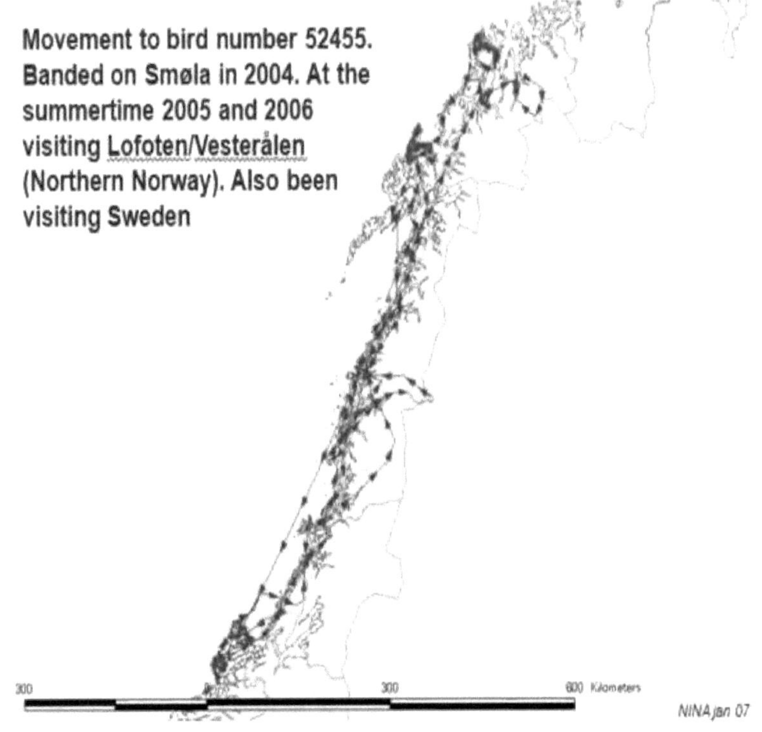

Appendix N: Áreas protegidas ao abrigo da Lei da Conservação da Natureza de 2008

(Nordicforestry.org, 2008)

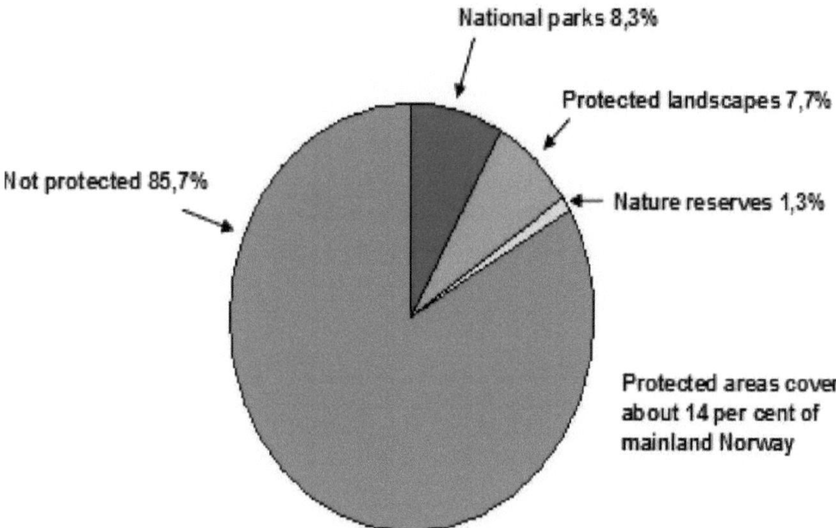

Appendix O: Áreas protegidas na Noruega (Environment.no, 2009)

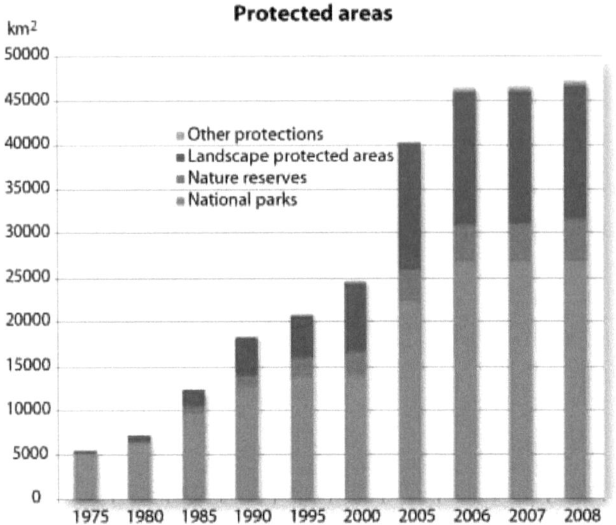

Appendix P: Localização das áreas protegidas na Noruega

(Ambiente.no, 2010)

Protected areas in Norway in 2010

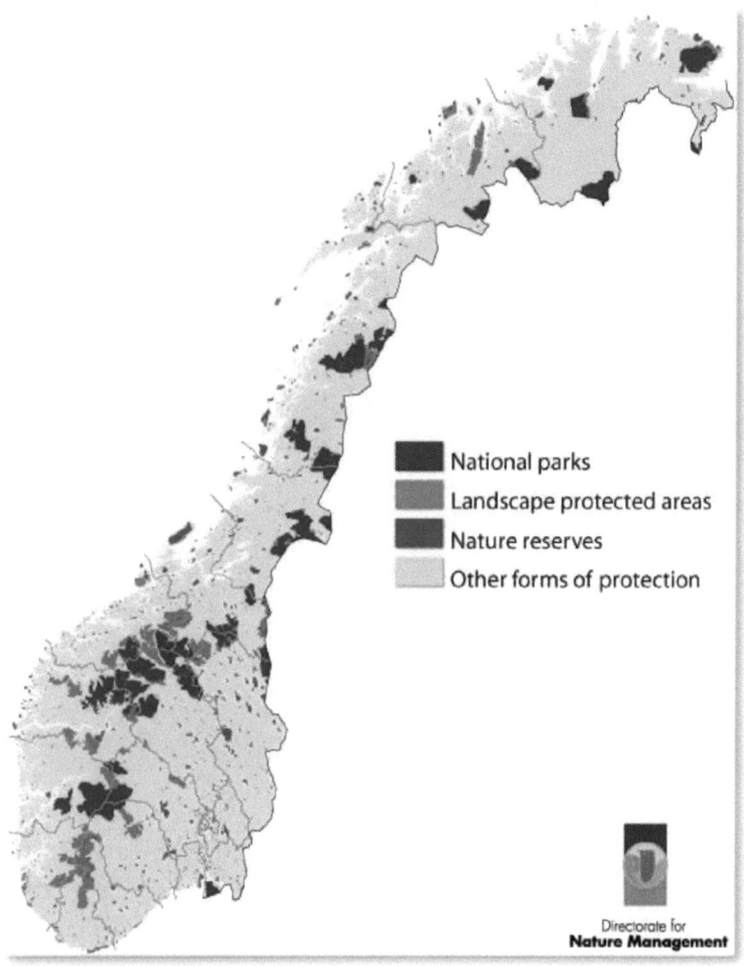

Source: Directorate for Nature management, 2010
www.environment.no

Apêndice Q: Controlo por satélite de três gansos (Dirnat, 2007)

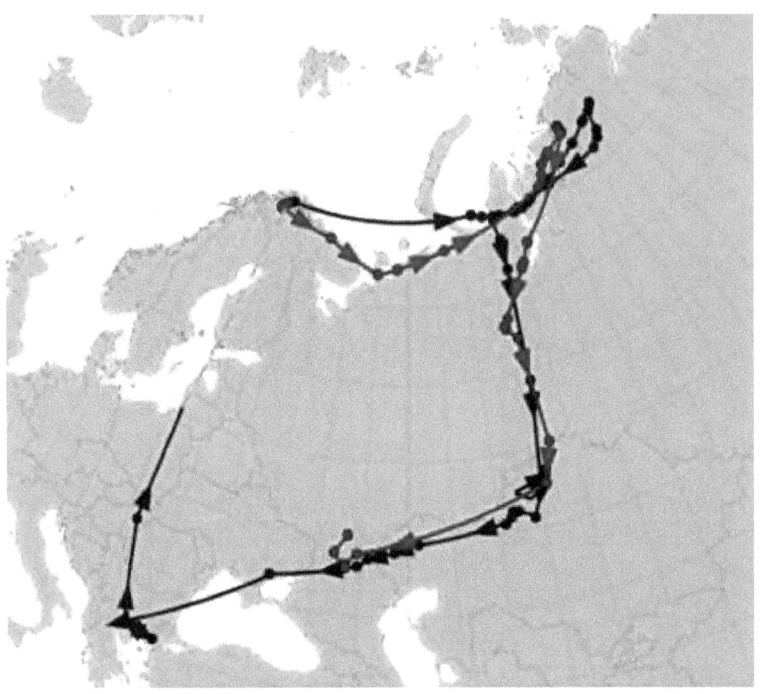

Apêndice R: Zonas importantes para as aves (IBAS) na Noruega

(Birdlife.no, 2010)

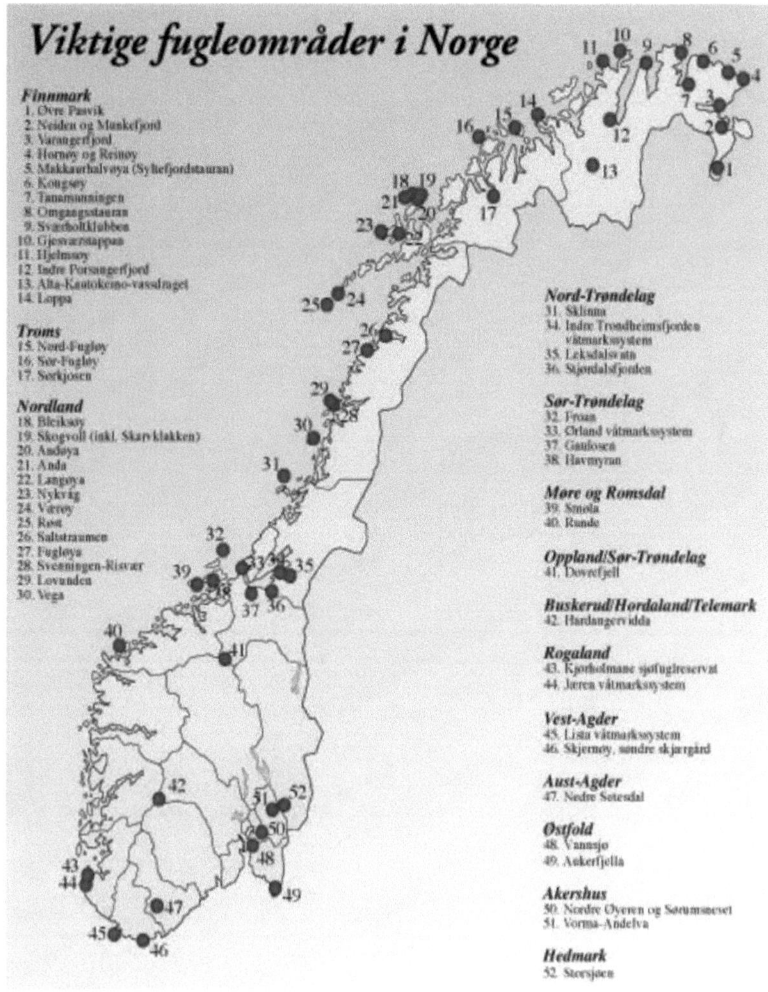

Printed by Books on Demand GmbH, Norderstedt / Germany